飞向浩瀚深空

张晟宇　著

小毛象　绘

河南科学技术出版社

·郑州·

图书在版编目（CIP）数据

飞向浩瀚深空/张晟宇著；小毛象绘. —郑州：河南科学技术出版社，2023.2

（"闪耀深空深海深地的中国科技"科普丛书）

ISBN 978-7-5725-0993-3

Ⅰ.①飞… Ⅱ.①张… ②小… Ⅲ.①空间探索—中国—普及读物 Ⅳ.①V11-49

中国版本图书馆CIP数据核字（2022）第181947号

顾问专家：张　伟　刘　勇　毛新愿

出版发行：河南科学技术出版社

地址：郑州市郑东新区祥盛街27号　　邮编：450016

电话：（0371）65737028　65788642

网址：www.hnstp.cn

策划编辑：慕慧鸽　王　丹

责任编辑：慕慧鸽　王　丹

责任校对：崔春娟

封面设计：张　伟

责任印制：宋　瑞

印　　刷：河南博雅彩印有限公司

经　　销：全国新华书店

开　　本：720 mm×1 020 mm　1/16　印张：11.25　字数：260千字

版　　次：2023年2月第1版　　2023年2月第1次印刷

定　　价：69.00元

如发现印、装质量问题，影响阅读，请与出版社联系并调换。

他们都推荐这套书

认识宇宙、认识太阳系，从《飞向浩瀚深空》这本书开始，它带你飞向浩瀚星空。

——中国科学院空间应用工程与技术中心研究员、

航天战略专家 张伟

在《飞向浩瀚深空》一书中，作者用通俗易懂的语言介绍了宇宙、太阳系和人类航天活动历史，应能激发更多青少年探索宇宙的决心。

——中国科学院国家空间科学中心研究员、中国空间科学学会

科普工作委员会主任、中国航天科普大使 刘勇

地球只是广袤宇宙的一隅，却是所有人类的温暖摇篮。在《飞向浩瀚深空》一书中，张晟宇博士用他精湛的语言和丰富的知识，向我们展示了人类如何通过发展航天技术迈出摇篮，走向万象星辰。原来，人类的梦想，才是浩瀚星空中最亮的那颗。

——中国航天科普大使、瑞士伯尔尼大学天文航天学院

中级研究员 毛新愿.

《穿越46亿年深地》一书用真诚、朴实、准确而有趣的文字，告诉小朋友科学家为何要向地球深处挺进，是一部不可多得的科普作品。

　　　　　　　　——中国科学院院士、著名地质学家

　　大多数读者可能知道我们的地球是由地壳、地幔和地核等圈层组成的，但是很少有人知道科学家是如何穿越时空获取地球内部结构的精确数据的，可能更少有读者知道人类在向地球深部进军的过程中，中国的科学家正在做着越来越多的贡献。《穿越46亿年深地》一书不仅向读者科普了一些地球科学知识，更是用简洁的语言和丰富的资料向读者讲述了科学家通过科学钻探手段，利用地球物理、地球化学等方法逐步解开地球结构之谜的故事，特别是书中重点讲述了中国地质工作者在科学钻探领域的贡献，值得一读。

　　　　　　　　——中国地质科学院地质研究所研究员、自然资源首席科学传播专家　苏德辰

　　由获得矿产之利又深受地震之害的唐山籍青年地质学家给小朋友普及地球知识，别有一番趣味：岩层一厘米记录一万年，向地心穿越46亿年，诙谐的文字将告诉你人类为何要穿越地下深处，以及穿越的方法和所遇到的"岩封"故事——它比尘封的故事更能体现地球如何厚待人类，又如何惊扰人类！

　　　　　　　　——中国地质科学院地球物理地球化学勘查研究所教授级高级工程师、自然资源首席科学传播专家　郭友钊

《潜入万米深海》中不仅介绍了丰富的海洋科学知识，还讲述了人类的海洋探索史。它用平易有趣的语言，以海洋基础知识为经，人文探索、科技发展为纬，纵横交织了一部精彩的海洋时空画卷，可读可赏。

——中国科学院院士　　

　　《潜入万米深海》是送给青少年读者的一本"海洋手册"，解析海洋的方方面面，让读者跟随科考一线的科学家，身临其境地感受科考一线的精彩瞬间，畅游万米深海，像科研工作者一样去探索、去发现！

——福建台湾海峡海洋生态系统国家野外科学观测研究站站长、
厦门大学南强特聘教授　　　

推荐序

张伟

中国科学院空间应用工程与技术中心研究员、
航天战略专家

    探索浩瀚宇宙一直是人类的梦想，自古以来我们中华民族对于无穷的宇宙都充满向往，无论是盘古开天辟地，还是嫦娥奔月都代表着我们的飞天之梦。

    深邃的宇宙代表着未知，也代表着无穷。仰望星空，肯定有很多人都曾好奇那遥远的地方是什么样子的。在非常漫长的时光里，我们面对宇宙只能展开美好的想象。随着人类文明的出现，东西方都把天文当作了非常严肃和重要的一门学问来研究。终于在20世纪，人类的技术迎来了爆炸式的发展，航天技术的全面进步使得人类开启了飞向太空的旅程。人类的脚步踏上了月球，人造飞行器走遍了太阳系的各个行星，最远的已经飞向了太阳系的边缘。这一切是如何变为现实的，大家都可以在这本小书中找到答案。

    同时，航天技术也代表着一个强大国家的综合实力，我国航天技术起步晚、起点低，但是在国家的持续投入下，在一代又一代的航天人孜孜不倦地努力拼搏下，我们的航天事业获得了迅猛的发展。近30年，我国载人航天工程取得了巨大成就，建成了世界瞩目的北斗卫星导航系统，"嫦娥"探月工程顺利推进并从月球带回了月壤，成功实现了探测器在火星的软着陆。

如今，航天梦已经成为中国梦的重要组成部分，我们有了自己的空间站，将探测器送向了更远的深空，未来我们也将成就载人登月甚至登火的壮举，这一切需要有更多怀揣航天梦的年轻人投身到这项伟大的事业中来。

这本小书从人类对宇宙的好奇开始讲起，讲到火箭、卫星的基础知识，再到太阳系里等着我们去深度探索的各个星球，希望能够点燃更多年轻人对于宇宙的好奇之心，让他们找寻到自己对于航天的热情与专注，并为之执着奋斗。

画一幅星空图　点燃航天梦

　　还记得小学一年级的时候，有一天的作业是画一幅画来说一说自己长大了想从事什么样的职业。我给自己画的是一位用天文望远镜凝视深空的科学家。其实在这之前，我也想过当一名海员，驾驶帆船穿越暴风雨，感受大海的波澜壮阔；想过做一名勇敢的战士，保家卫国，成为英勇的守护者；甚至想过当一个炸爆米花的师傅，在满足自己味蕾的同时，也能给同一条巷子里的小朋友带去欢乐。但是当那一天，这幅画被我画下来的时候，就变成了一个我和自己的约定，浩瀚的深空变成我此生的心之所向。

　　宇宙太神秘了，它从何而来？人类是宇宙里孤独的居民吗？在遥远的星球上还有其他未知的生命形式吗？我们是否还可以造出更强的天文望远镜，看得更远？我们可以飞到除月球以外的别的星球吗？这些问题从小就萦绕在我的心头，因为它们实在太有趣了。

　　从小我就相信，我们一定还能做出更多，去更加了解这个浩瀚的宇宙。也许有一天我就可以亲眼看到人类前往其他星球，毕竟人类已经完成了登月……因此，我如饥似渴地阅读着天文、航天方面的书籍，高中时也坚定地选择了理科，最后如愿以偿地进入大学并完成了空间技术的学习，现在成为一名卫星工程师。

　　在从事航天工作的这十多年里，看着我们国家的航天事业蓬勃发展，特别是自己在参与了载人航天、科学卫星研制等一些航天项目后，我深深地感受到这份儿时看起来趣味十足的职业原来是一份具有如此重要意义和价值，让人引以为豪的事业，也更加感谢自己小时候的选择以及坚持不懈、为之努力奋斗的自己。

此刻，坐在酒泉的办公桌前，回首一路走来的点点滴滴，我想写下点什么，把自己对航天、宇宙的一些有限的认识分享给更多感兴趣的朋友。

这本小书从人们对宇宙奥秘一直葆有的好奇心出发，带着对于宇宙、生命的问题开启我们飞向浩瀚深空的旅程。不积跬步无以至千里。首先，我们从怎么逃脱地球引力的束缚，进入太空说起。随着第一颗人造卫星被送入太空，人类真正探索宇宙的大幕才真正拉开，那么怎么样才能让我们进入太空，我们经常说的火箭、卫星、探测器、宇宙飞船、空间站又有什么区别呢？我们国家的"嫦娥"已经登上了月球，月球上面是什么样子的？"嫦娥奔月"是如何一步步从神话变成现实的？我们什么时候能登上月球？我们会把月球变成深空探索的第一个地外基地吗？出现在无数科幻小说里的火星到底是什么样子的？我们国家的火星探测器是如何完成火星探测的？我们的"祝融号"火星车有哪些厉害的本领？我们将来真的能移民去火星吗？

这本小书和大家见面的时候，中国空间站已基本建成。我们自己的"天宫"是什么样子的？空间站的作用和意义有哪些？航天员在空间站里的工作和生活是什么样子的？

宇宙太大，先了解一下我们的太阳系吧！太阳系里都有哪些天体？我们对它们的了解程度如何？人类都派出了哪些深空探测器来对它们进行探测？这些探测结果和人类曾经计算和推断的一致吗？我们还有哪些方法来探索和了解宇宙？

大家一起来这本小书里寻找和探讨吧！

张晟宇

2022年9月于酒泉

小读者们，深空探索之旅就要开始了。我们要跟随书里的内容一步步飞向浩瀚深空，开始崭新的旅程了。在这次奇妙的科学之旅中，乘舟奔九天、驰骋苍穹的中国航天员会不时出现，给我们讲解富有魅力的科学知识。我们生存的星系家园——太阳系，向我们娓娓道来它对科技的人文思考和发现。

让我们跟随它们，开启我们的旅程吧！

中国航天员

太阳系

目 录

第一章

星空的谜题

第二章

离开地表，飞向太空

第六章

探索太阳系

第七章

逐梦浩瀚未知的深空

第一章

星空的谜题

宇宙的诞生

在中国古代传说中，宇宙原来是混沌的，像一个鸡蛋一样，里面沉睡着巨人盘古。突然一天，盘古醒来，挥动巨斧，劈开了天地，又将天地远远地撑开。最后盘古累得倒下来了，他的身体变成日月星辰、高山河流……

虽然盘古开天辟地只是传说，但是从中也能看出我们人类对于世界的好奇和叩问。对于宇宙的探索始于好奇。那么现代科学是如何解释宇宙的诞生的呢？关于宇宙的起源，有很多理论和假说，到目前为止得到最多证据支持的理论就是**宇宙大爆炸理论**。

宇宙大爆炸理论

宇宙大爆炸理论，是科学家关于宇宙形成原因的一个主要观点。不管是东方神话还是西方神话，它们都主张是神创造了世界。宇宙大爆炸理论的提出，有理论基础，也是观察的结果。虽然这个理论现在还无法回答所有问题，但是对探索宇宙的起点来说是一个科学的理论。

宇宙大爆炸理论认为，宇宙过去是一个炽热高密度的奇点。大约在138多亿年前，这个奇点大爆炸，开始快速膨胀，并渐渐冷却；宇宙也逐渐变得空旷，出现了物质极少的太空。简单地来看，宇宙大爆炸理论和盘古开天辟地的传说非常相似。可以说，尽管古人无法系统地解释他们对于世界、宇宙的思考，但是这些思考通过神话都被记录了下来，这也代表了人类的思想并不是完全来自想象，这些想象也融入了观察。

这个和神话"撞车"的理论自从提出之后，没有很快得到认可，早期倒是遭到了不少嘲讽。因为在西方世界的传统认知里，宇宙中的物质及能量是恒定的，时间是一直存在的。而宇宙大爆炸理论认为空间和时间是随着大爆炸而诞生的。

最早支持宇宙大爆炸理论的证据就是科学家爱德温·哈勃（哈勃望远镜就是以他命名的）在观察遥远星系的时候，发现远星系的颜色比起近星系总是要红一些。通过观察，他发现这个现象是普遍存在于宇宙中的，就是无论我们观察哪个方向上的星系，远星系总是要比近星系红。光的颜色是由它的波长决定的，红色光是波长较长的光，这意味着这些远星系正在远离我们。不管我们从哪个角度看，星系都在互相远离，那么整个宇宙就处在膨胀之中。这就是红移现象。我们可以想象我们在气球上画了很多黑点，随着气球越吹越大，这些黑点之间的距离也就越来越远了。

后来，科学家又在无意之间发现了一个证据，就是宇宙辐射背景。宇宙大爆炸理论的早期提出者乔治·伽莫夫认为，我们现在处于宇宙爆炸的残余辐射期，这个时期可以理解为大爆炸后，火熄灭了但温度还没完全消失的这一段时期。那么，宇宙就还有一点残留的温度，他估算为6 K（开尔文，热力学温度单位，开尔文温度以绝对零度作为计算起点，绝对零度等于–273.15 ℃，6 K=–267.15 ℃）左右，就是比绝对零度高一点。这个事实被发现和证明的过程非常巧合，两名天文学家阿诺·彭齐亚斯和罗伯特·威尔逊在调试喇叭形的天线时，总是能接收到噪声，一开始他们以为是天线里住了鸽子，或者是有鸟粪什么的污染了天线。但是他们仔细检查后，发现并不是这些原因，而且无论将天线指向宇宙的哪一个方向，噪声都一直存在而且大小也是恒定的。于是他们对这个波长的电磁波进行了分析，认为是3.5 K的等效黑体发射出的电磁波，既然它来自宇宙的任何方向且各个方向上信号的强度都一样，那么这个就是宇宙的背景温度了。这个背景温度和乔治·伽莫夫估算的6 K相差非常小，所以进一步证实了宇宙经历了从热到冷的过程。

近年来，随着科学家对**引力波**的探测，大爆炸理论被更多观测证实。当然，现在依然有很多理论在探讨宇宙大爆炸理论无法解释的部分，但它依旧还是一个最接近真相的理论。我们还需要更先进的观测设备、更完备的理论，以及更深远、跨越当前维度的宇宙观来解释我们到底从何处来。

引力波

引力波源自爱因斯坦的广义相对论，是一种在真空中以光速传播的时空波动。打一个简单的比方，引力波是一种时空涟漪，它就像我们在平静的湖面上扔进一个小石子，湖面就会产生一圈圈波纹向外荡去。在广义相对论中，任何具有质量的物体运动时都可以引发时空的弯曲变形，而且这种变形就像水面的涟漪向外传开，形成引力波。

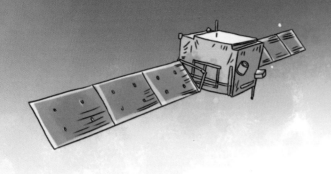

时空的维度

　　复杂的时空观念是在现代科学的发展过程中建立起来的。在人类绝大部分的历史中，人们对于时空的观念是朴素而直观的。空间来自人们最为直接的感受，最为自然的空间感受就是方向和距离。比如太阳总是从东边升起，从西边落下，所以人们开始据此区分东西南北的方位。再比如人们离开自己的洞穴去打猎，如果打到猎物后回来的路要走得比较久，就是远的概念；如果很快就到了，这是近的概念。看到山峰，看到深涧，就有了高低的概念，这些构成了人类的空间观念。时间也是随着一些周期性的现象得到参照，比如白天与黑夜的轮换、四季的轮回等，让人们感受到时间的变化。这些就是最为朴素的时空观念了。

人们根据自己的直观感受建立起来的三维空间的观念，就是我们观察到的空间，给定一个原点，就可以用三个方向上的位置表示空间中独一无二的一个点。简单地说，就是我们用长、宽、高来看一个盒子的方法。三维空间是建立在人类对于宇宙的观察和感受基础上的，因此三维的空间感受也是我们最为熟悉的。三维空间在时间维度上一直向前变化，这就构成了思维的时空观念。从这个观念出发，时间是不断向前的，没有起点也没有终点；而空间只有原点，从原点向外无限延伸，也是没有终点的。这就是我们大家最容易接受的绝对的时空观。

再回到我们看一个盒子的三维空间视角，因为有盒子，我们才能感受到它的空间，所以空间的存在是取决于物质存在的；我们对这个盒子的长、宽、高进行测量，需要花费时间，因此时空维度的本质是物质、空间和时间是一体的。物质的产生是时间和空间产生的源头，如果物质湮灭，时空也随之湮灭。举一个不是很准确的例子，如果没有电视机，我们就不能看到动画片的画面，如果动画片的画面不动我们就看不到动画片的故事，所以这一切的源头是我们有一台电视机，后面才是电视机屏幕有多大，动画片播多久的事情。

光年

光年是计量天体距离的一种单位，1光年等于光在真空中一年内所走过的距离，约等于$9.460\,5\times10^{15}$米。光在真空中的传播速度约为3×10^{8}米/秒。

但是，随着相对论的提出，绝对时空观也就被打破了。由于在测量上，人们都选择了宇宙中跑得最快的光来进行度量，光速变成了同时具备时间和距离属性的概念。**光年**是表示宇宙空间的尺度，同时又表示光在真空中一年内的传播长度。光速这把"尺子"，在不同的空间里应用就会产生很多不同的、有意思的事情。比方说，如果一个人处在一个高速运动的小盒子里，那么小盒子里面的计时器的快慢，和地球上的计时器相比，就会发生一件有意思的事情。大家猜，两个计时器的快慢是一样的吗？答案是不一样，这是因为参照系不同。我们做一个极端的设想，如果这个小盒子以接近光速的速度在运动，那么我们在地球上观察一束光从盒子里的一侧跑到另外一侧的时间就会特别长。也就是说，我们在地面记录了很长的时间，光才从盒子的一头跑到另一头；而在盒子里的人几乎感受不到这个过程，因为盒子里光跑得非常快，盒子里面的人很快就完成了测量。所以两个表放到一起，高速运动空间里的表就变慢了。这就是爱因斯坦的狭义相对论。有点像我们高兴的时候时间会变快，难过的时候时间会变慢一样。

随着思考方式和观察工具的变化，人类看待时空维度的视角也会改变。时空并不是绝对恒定的，它是变化的。它自身在变化，也随着我们的观察而变化。也可以说，是我们在通过观察改变着世界。

生命的起源是偶然还是必然

　　我们生活的地球，鸟语花香、生机盎然。地球充盈着生命体，这些种类繁多的生物分布在高山、平原、河流、深海等，几乎地球表面的每个角落都有生命的痕迹，以至于我们感觉生命的存在就是非常理所当然的事情。

　　所以，我们很自然地认为宇宙里应该也是这样的。在中外的神话故事里，月亮、太阳上都住着神仙。后来人们用望远镜看到了非常多的星球，一些星球如火星上有很多地方看起来就像是城市和运河，因此我们猜测宇宙中存在诸如"火星人"这样的生活在各个星球上的外星人。后来，当人类终于可以离开地球，利用更先进、更巨大的望远镜来观察别的星球，利用各种深空探测器进行各个星球的近距离探测，甚至人类在直接登陆月球表面后，才发现这些星球有着和地球完全不一样的景象，那里简直是生命的荒漠，几乎找不到一丝生命的痕迹。

　　所以，生命的起源是偶然还是必然呢？

在探讨生命起源的问题上，人类经历了大概两个阶段。第一个阶段可以说是"造物"理论阶段，无论是中国上古神话传说中的女娲造人，还是西方神话中的上帝创造了亚当与夏娃，都认为生命的起源来源于神的创造。在这一阶段，人们不需要解释神是从哪里来的，所以神创造生命的理论也就比较容易被人理解。围绕着"神创造生命"这一话题的神话故事非常多，小朋友都能听得懂和理解这些故事。因此，过去的很长一段时间里，这并不是困扰人们的主要问题。

接着，人类迈入了科学时代。科学使得人们观察世界的视角变得非常开阔，了解世界的方法也变得丰富起来。于是，神话里的那些故事开始经不起推敲。为什么在如此多被人类探测过的星球里，只有地球上存在生命？为什么地球上不但有生命，生命的种类还如此繁多？

这就进入了探讨生命起源问题第二个阶段。

虽然这个问题至今依然难以回答，但是科学的认知一直在快速发展。显微镜让我们看到了生命的微观结构。同时，化学、物理领域的技术进步，也使得我们越来越接近生命的真相。关于生命起源，人们提出了很多假说，现在看起来最容易让人接受的就是**化学起源假说**。关于这个假说，有一个著名的米勒实验，在这个实验里，科学家在一个封闭的空间里模拟了原始地球的环

化学起源假说

化学起源假说是科学家关于地球生命起源的一种推测。该假说认为，地球上的生命是原始地球在漫长的时间内，由非生命物质经过非常复杂的化学过程，逐步演变而成的。原始地球上的环境非常复杂，空中有烈日、闪电，地表有火山喷发和滚滚岩浆，原始大气中成分在闪电、宇宙射线、热能的作用下相互作用，进而形成有机小分子。这些有机小分子是生命诞生的开端，它们随雨水进入原始海洋后，经过极其漫长的演变后会形成最简单的原始生命

境，并不断地制造电火花来模拟当时的闪电。经过一周的循环实验后，科学家竟然在原本完全无机的环境里检测出了有机小分子。因此，这个实验证明在原始地球的环境里是具备孕育生命开端的可能性的。

但是，生命的发展是非常复杂的，有机小分子还需要进一步形成生物大分子，生物大分子还要组成复杂的多分子体系，再由多分子体系演变为原始生命。这个过程非常复杂，有很多不确定性，而且过程极其漫长，人们还没有找到快速模拟这一生命过程的实验方法，但是这个假说是目前看起来最接近真相的假说。

如果这个假说成立的话，那么生命的起源真的是太不容易了。首先，需要一个能孕育生命的环境；然后，需要闪电等这样的随机事件多次发生，才能开启第一步；后面的每一步都完全靠"运气"，都是在无数失败里的偶然一次成功，并需要不断地在偶然中创造偶然。所以生命的出现，尤其是发展到人类这样复杂的生命体，真的是"巧合"中的"巧合"。但是同样地，随着我们认知的不断进步，这种看似不可能的可能，堆叠在惊人巧合上的生命孕育过程，背后也可能存在着必然的规律在等着我们去探索呢。

认识宇宙

人类对于宇宙的认识是一个非常漫长的过程。人类在具有了远近高低的观念之后，就通过观察有了天地分别的观念，这就是最早的宇宙观念。古人有天圆地方的认识，例如我国古代的**盖天说**认为大地是平坦的，天是穹顶，盖在大地之上。类似的，印度传说中有大地是一个圆盾，由站在巨龟上的大象驮着的解释。

同时，由于人们日复一日地观察到太阳东升西落，看到斗转星移，这些现象不断变化且有非常强的规律性，因此，东西方的人们分别开始构建起非常接近于现代的宇宙观念。人们开始意识到大地并不平坦，而应该是个球形。这种学说包括了中国的**浑天说**，浑天说认为地球就好像是鸡蛋里的蛋黄，浮在宇宙之中；而宇宙

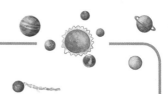

盖天说和浑天说

我国古代典型的宇宙观有盖天说和浑天说。

盖天说认为"天圆如张盖，地方如棋局"，即"天圆地方"，但后人质疑："如诚天圆而地方，则是四角之不揜也。"意思是，如果天是圆的地是方的，那地的四角就无法被天遮掩了。其实中国古代的"天圆地方"不仅仅是天文观念，更是一种哲学思想。

浑天说比盖天说进了一步，我国东汉时期的天文学家张衡在其所作的《浑天仪注》中说：浑天如鸡子……地如鸡中黄，孤居于天内，天大而地小。大意是，地球就像鸡蛋里的蛋黄一样，被天所包裹着。这种认识也形象地说明了地球是球形的。

也不是封闭的，而是天外有天。后来，人们又进一步提出宣夜说，认为宇宙无限，由气体构成，各种天体各居其位，处于虚空之中，这里开始有了类似宇宙和太空的概念。

而在西方，人们也通过观察地球在月球上的影子开始得出大地不是平板而是一个球体的认识，并在此基础上提出并构建了地心说。近代望远镜出现之后，通过对天体运动的计算，天文学家发现天体并不是围绕地球而是围绕太阳旋转的，日心说由此诞生。由于日心说和宗教的观念相冲突，该学说的坚持者如布鲁诺甚至付出了生命的代价。对于宇宙的认识，不同文明是殊途同归的，但对于这些认识的验证却很艰难。例如，中西方都认识到地球是圆的，但是直到麦哲伦完成全球航行，才证明了地球是圆的。

　　进入现代之后，先进的观测工具让人类对于宇宙的认识进一步加深。人类也可以通过观察和测量来估算出太阳系中不同天体的大小和质量，发现更大尺度的宇宙结构，如星系，并通过宇宙背景噪声和红移现象提出了宇宙是由大爆炸而来的假说。

　　同样，这些理论和假说在提出之后，又经过了很长时间才得到验证。随着地面望远镜越造越大、越来越精密，人们对太阳系里的行星观测得越来越准确，由此对这些行星的大小、质量也估算得越来越准。当深空探测器真正地造访了这些星球，并进行大量的近距离观测之后，人类不但能准确地测量这些星球的大小、质量，还能准确地分析这些星球的组成成分。

　　随着引力波探测器、暗物质探测器等更加先进的科学测量设备的研制与部署，人类对于宇宙的认识会更加深刻。

从远远观望到启程探索

　　天文学经历了漫长的发展历程，虽然多数人日出而作、日落而息，但总有一些人喜欢仰望星空。古人和我们一样，每次深夜凝望星空，当摒除内心的纷扰，看到漫天闪烁的星辰的时候，他们和我们一样会好奇，这些星辰从何而来，又将如何变化？好奇心是驱使人类思考和探索的原始动力。

　　在我们远远观望深空的时候，我们就开始不断地看到这些星辰运行的规律，这样的思考开始催生天文学的诞生。一切都是从看到开始的，看到就想要了解，了解得不够就想要前往。这就好像我们看到了一本旅游图册，图册中旅游胜地的景色把我们深深吸引，所以我们就想要攒钱，买机票去游玩。从天文观测到深空探测就是这样的一种场景。

　　在人类漫长的历史上，离开地表几乎是异想天开，所以在很长的一段时间里，人类对深空都只能远远观望，好在观望的水平越来越高。从本质上来说，天文学的发展就是人类观测技术的发展。如中国发明的**浑仪、简仪**，西方发明的望远镜等。这些观测设备的发明让人类可以摆脱肉眼局限的束缚，看到宇宙中更多的细节。

人类通过观测不断地提出新的理论，又通过新的观测设备的发明，验证一些理论，推翻一些理论，再构建一些新的理论。在天文学这个始于观测的学科里，很多做出重大科学发现的人，并不是理论学者，而是现象的发现者。

在观测方面，现代科学走过了

什么是浑仪、简仪？

浑仪是古人以浑天说为理论基础制造的天文观测仪器。在古代，"浑"字含有圆球的意义。古人认为天是圆的，形状像蛋壳，出现在天上的星星是镶嵌在蛋壳上的弹丸，地球则是蛋黄，人们在这个蛋黄上测量日月星辰的位置。因此，把这种观测天体位置的仪器叫作"浑仪"。

简仪，是元代王恂和郭守敬创制的一种测量天体位置的仪器。

小型光学望远镜，例如伽利略自己手工打磨的望远镜，帮助他做出了非常大的贡献；到后面的大型光学望远镜，如现在人类造出的口径超过10米的望远镜，可以对宇宙深处进行清晰的观测；然后是射电天文望远镜，可以观测到很多肉眼不可见的宇宙辐射。这些都帮助人们建立了对宇宙非常深的认识，正是这些认识，使得人类在地球上更坐不住了，一心想着要去探索。

深空探索和漫长的天文观测比起来就显得非常有爆发力了。在短短的几十年里，人类离开了地球表面，在太空中构建了可以长期运行的空间站，人类的足迹踏上了月球，人类研制的探测器把太阳系里的每个行星都看了个遍。从离开地球那一刻起，人类看世界的能力就大大增强了。人类开始逐步有了"上帝"视角，飞行在太空中的卫星可以清清楚楚地看到地球就是一个球体，而且是一个非常美丽的蓝色星球。人类研制的深空探测器飞得越来越远，将人类的"视距"延伸到了前所未有的尺度，探索到了难以想象的遥远疆域。

这些都来源于人类历史长河中积攒的对于宇宙的向往，正是因为仰望星空，让我们向往星空，最后借助科技让我们走向星

空。探索深空的过程是我们认识宇宙的过程，也是我们寻找自我的过程。我们开始思考人类存在的终极意义，如果我们不能向内去寻找，我们就需要向外去寻找，也许答案就藏在深邃的宇宙之中，让我们前往探索吧！

第二章

离开地表，飞向太空

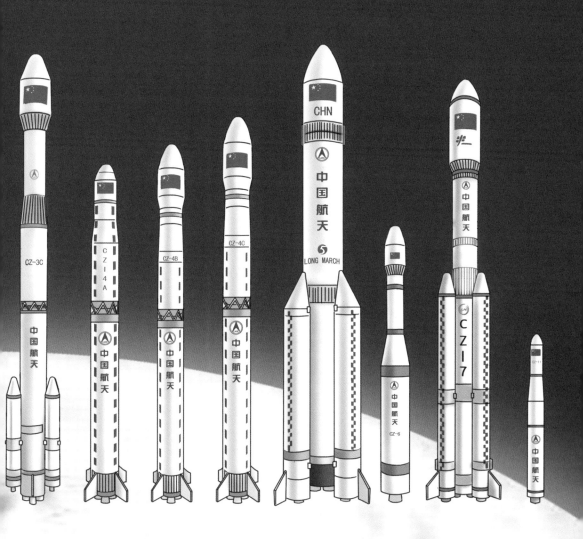

人类探索飞天的步伐

人类对天空的向往贯穿了人类文明的进程。

在我国的神话故事体系里，"天"是一个非常重要的概念。最早的神话体系里，我国的神仙们住在昆仑山，慢慢地，神仙们也搬了家，住进了天宫。凡人脱胎的终极目标就是飞天成仙。

可见，人们是如何地向往天空，因为天空代表着广阔、不可触及的深深的神秘，神秘唤起人们内心强烈的好奇，而好奇心正是人类不断前进的动力。飞向浩瀚天空是人类矢志不渝而且不约而同的愿望。

但是天空太难被征服了，在几千年的人类文明史中，人们探索天空的脚步屡屡还未踏出就已驻足。人类的历史里零零星星地记载着人们异想天开又满满血泪的飞天历史。目前资料记载中最早的飞行器是中国发明的**风筝**。我国战国时期，已经有人进行精密计算，以风筝为最早"滑翔机"原型，尝试飞行，虽然结果往往是"机"毁人亡，但也迈出了以工程为基础的第一步。接着全

风筝的起源

据说在春秋战国时期，墨子用了三年的时间制成了一只木鸢，但它飞了一天就坠毁了。但木鸢却是最早的风筝雏形。鸢就是老鹰，可见木鸢的发明是受到了鸟类飞翔的启发。

风筝也被称为纸鸢。《南史》中记载，公元549年，皇帝被叛军围困，有人献计利用纸鸢传递求救书信，这是有关风筝最早的明确记载。

球的人们都尝试制造扑翼机，从悬崖等高空跳下，期待像鸟类一样扇动翅膀来飞翔，结局也十分悲壮。汉朝时"一人得道，鸡犬升天"的淮南王刘安，据说是掌握了类似于热气球的原理，而进行过飞行。

中国人向往飞天，神话故事嫦娥奔月、敦煌莫高窟的飞天壁画都深刻地描绘了这样的强烈愿望。同时，祖先的智慧发明，也一次次让我们接近这一目标，无论是前面说到的风筝，还是与热气球升天原理相似的孔明灯等发明都在工程原理层面解决了人类飞天最基本的工程形态，更重要的是我们的祖先还发明了火药，掌握了强大的动力之源。

世界公认的"世界航天第一人"**万户**，这个以官职留名的明朝人陶成道，用生命在人类飞天探索历史上树立了第一个坚实的

里程碑。陶成道利用他对于火器的精湛的技艺，帮助朱元璋打下了天下，得以封侯"万户"。然而优渥的生活并不是他的志向所在，随着一步步对各种"火箭"武器的研发，他飞天的愿望越来越强烈，于是在1390年的一天，他坐在捆着47根火箭的飞车之上，手持两个风筝翅膀，毅然决然地让仆人点燃引线一飞冲天。在短短的飞行之后，火箭爆炸，万户及手里的风筝也燃起大火，重重地摔回地面。不知道这片刻的飞天过程中，他是否有一刹那得偿心愿的满足，他以生命为代价迈出了飞天探索非常重要的一步。可惜后人既没有他对火器的高超技艺，也没有他无畏的精神，中国的飞天梦有了一个高高的起点却陷入漫长的沉寂。

月球背面有一座环形山叫"万户"

20世纪70年代，国际天文联合会将月球背面一座环形山命名为"Wan Hoo（万户）"。万户山是为了纪念我国明朝的士大夫万户而命名的。万户是世界利用火箭飞天第一人，并为此献出了自己的生命。

然而世界却没有放慢探索的步伐，开普勒、牛顿先后为人类飞天构建了理论基础。1783年，法国的蒙哥尔费兄弟制造出了第一个热气球，并进行了载人飞行，一共飞行了25分钟，这是人类历史上第一次载人飞行试验。接下来，热气球技术不断被优化，飞行距离越来越远，在科幻小说《气球上的五星期》中，气球已经作为一种非常实际的飞行工具。后来，气球也越做越大，技术越来越复杂。后又出现了可以飞越大西洋的飞艇，但由于飞艇频繁的巨大空难，便逐渐地退出了历史舞台。紧接着出现的就是大家都耳熟能详的莱特兄弟和他们的重要发明——飞机了。飞机的出现让人类真正掌握了一种可以自由飞翔的工具，短短一百多年的发展，飞机已经成为我们习以为常以及不可或缺的一种交通工具，飞到万米高空已经成为家常便饭。

　　但是无论是热气球、飞艇或者飞机，它们的飞行都依赖于空气，因此它们只能飞行在几万米到十几万米的高度，而人类真正激动人心，离开地面飞向浩瀚宇宙的太空探索，我们会在后面的章节和大家慢慢道来。

什么是第一宇宙速度

什么是第一宇宙速度？第一宇宙速度又称为轨道速度，是物体在地面附近绕地球做匀速圆周运动的速度。从另外一个角度出发，第一宇宙速度还有一个称呼叫作"航天器最小发射速度"，这个名称直接道出了我们人类想要离开地球表面进入太空的门槛在哪里，突破了这个速度我们才能离开地表。

要解释第一宇宙速度，就需要回到近代物理基础的力学理论，就是我们大家都耳熟能详的牛顿和苹果的故事了。对的，要讲地球上的第一宇宙速度还需要从牛顿和苹果说起。万有引力体现在地球上就是我们需要脚踏实地，想要飞天？哈哈，没有那么容易。这个引力有多大呢？首先我们来讲一下万有引力的计算方法，即万有引力系数乘以两个物体的质量再除以二者之间距离的平方。地球的质量比起地球表面的任何物体都要大得多，**地球的质量**约是5.965×10^{24}千克，我们人类的体重一般也就几十千克，这就是再厉害的运动员也只能跳个几米高的原因，所以要离开地面谈何容易。

但是我们可以做一个思想实验，我们知道大炮可以把炮弹打得很远，远到几千米甚至十几千米以外。大炮打的距离主要取决于炮弹出膛的速度，假设我们打出炮弹的角度都是一样的，在一定的速度范围内，炮弹总是在飞一段时间后落到地面，炮弹出膛时的速度越快，在同样的时间里也就飞得越远。好了，我们就去想象我们不断加大大炮的发射能力，使得炮弹的出膛速度越来越快，这样我们就能打得越来越远。由于地球是圆的，只要速度够快，炮弹就能落到地球的另外一边了。如果我们让速度再快一点，那么炮弹打出去后就会绕地球大半圈，最后落在我们的身后。如果我们继续加大炮弹的速度，炮弹就会绕地球一圈然后从我们的头顶飞过。问题来了，

假设没有大气对炮弹速度的影响，那么炮弹从我们头上飞过时，它的速度和它最初被发射出来时是一样的，这颗炮弹就再也不会

落地了，它就会绕着地球这么一圈一圈地飞行，它这么一圈一圈飞行的轨迹就称为轨道，这个刚好不会掉下来的速度就是第一宇宙速度。

绕地球飞行的物体所受的力就是绕地球轨道圆周飞行的向心力，这个力也就是物体受到的地球的引力F。

$$F=G\frac{Mm}{r^2}=\frac{mv^2}{r}$$

其中，G是万有引力常数，常用的数值为$6.674\ 30\times10^{-11}$牛·米^2·千克$^{-2}$；M是地球的质量；r是两者之间的距离，如果是从地表计算，那么 r 就是地球半径，大约为6 371千米；从而计算出7.9千米/秒作为第一宇宙速度的数值。这个速度是十分惊人的，我们知道跑得最快的人跑完100米的用时是9秒多，人类自身速度的极限就是每秒十多米。飞得快的飞机例如超音速飞机，一般也就是1～5马赫的速度，1马赫为音速的1倍，

认识第二宇宙速度和第三宇宙速度

第二宇宙速度：当航天器超过第一宇宙速度达到一定值时，它就会脱离地球的引力场而成为围绕太阳运行的人造行星，这个速度就叫作第二宇宙速度，亦称逃逸速度。若不计空气阻力，它的数值大小为11.2千米/秒。

第三宇宙速度：是指从地球起飞的航天器飞行速度达到约16.7千米/秒时，无需后续加速就可以摆脱太阳引力的束缚，脱离太阳系进入更广袤的宇宙空间。这个从地球起飞脱离太阳系的最低飞行初速度就是第三宇宙速度。

空气中的音速约为340米/秒。由此可见，要离开地表是多么困难，这也是人类追寻了数千年的飞天梦，直到现代航天运载火箭被发明出来后才得以实现的原因。

其实在实际的火箭发射过程中，也并不是真的需要直接让火箭达到第一宇宙速度，还有比较聪明的办法，就是"借"速度。我们的地球是每时每刻自转的，假设我们在赤道上，虽然我们看起来在地面一动不动，但是每天会随着地球自转一圈，赤道的周长大概是4万千米，也就是毛主席诗词里说到的"坐地日行八万里，巡天遥看一千河"。那么，在地球赤道发射火箭的话，我们就能借到地球自转的速度，这个速度大概是每秒400多米，这样可以使火箭节省一部分燃料就能达到第一宇宙速度来进入太空了。下一节，就让我们来见识见识那些著名的火箭吧。

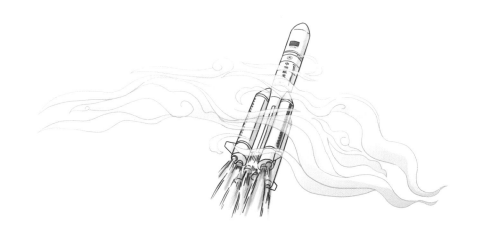

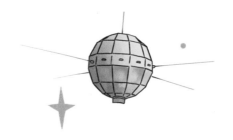

火箭大家族中的长征系列运载火箭

1970年的4月24日，中国第一颗人造地球卫星"东方红一号"顺利升空，进入预定轨道，标志着我国成为拥有进入太空能力的国家之一。将"东方红一号"送入太空的就是我国自主研发的第一代运载火箭——"长征一号"，代号CZ-1。

运载火箭是人类进入太空的关键，也是当前进入太空唯一的手段，运载火箭技术是任何一个想要跨入太空俱乐部国家的核心技术。而**"长征"系列运载火箭**就是我们国家航天事业从起步到快速发展的一个重要运载火箭系列。

1957年10月，苏联成功地发射了人类第一颗人造地球轨道卫星，全世界都为之震撼，进而拉开了美苏之间的太空竞赛。而这个时候，我们国家的航天可谓是一片空白，但是这一事件让大家看到了航天对一个国家的重要性。1958年，我们国家提出也要发展人造卫星，进入太空，而运载火箭就是达成这一目标的最重要一环。

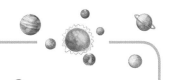

我国的运载火箭为什么以"长征"命名？

我国火箭命名为"长征"不是巧合。我国第一颗人造地球卫星从1958年提出到1970年发射成功，足足走了12年。火箭设计之初，设计师有感于著名的《七律·长征》，提出将火箭命名为"长征"，寓意中国火箭事业一定会像红军长征一样，克服任何艰难险阻，到达胜利彼岸。

经过一代代航天人的不懈努力，"长征"系列运载火箭已成为我国具有自主知识产权的品牌产品，能够发射高、中、低不同轨道和不同类型的卫星，具有很强的国际竞争力。

运载火箭的飞行原理和吹饱了的气球放开气嘴后就会飞走一样，利用的是气体的反推力。不同的是，气球飞走的动力来自里面的空气向外冲泄而产生的向前的推力，火箭的动力来源于燃料在有限空间中燃烧带来的高压。从上一节我们知道，要进入太空，火箭必须最终达到第一宇宙速度，因此火箭需要通过燃料燃烧来获得非常快的速度。

火箭的原理虽然简单，但是在工程上的难度巨大。首先，就是如何让火箭燃料在受到控制的条件下按照预期来燃烧，一旦失控面临的就是爆炸失败的结果，还记得第一个探索太空的"万户"吗？他就殒命于最后的爆炸。其次，火箭需要携带大量的燃料以产生足够的推力来克服地球引力，火箭体重的90%是燃料，由于发射火箭所需的燃料本身就很重，因此火箭往往建造得巨大。例如，我国研制的新一代大型运载火箭"长征五号"总长56.97米，大约相当于20层楼那么高；起飞质量约869吨，相当于近600辆小轿车或200头左右的大象的质量。

一般情况下，火箭推力越大，携带的燃料就越重，为了减轻火箭的负重，科学家在单级火箭的基础上发明了多级火箭。多级火箭由数级火箭组合而成，点火后，多级火箭从最下面一级的燃料开始逐级燃烧，每一级燃料烧完后，该舱段就会从箭体上分离，使火箭得以"轻装前行"。多级火箭具有很好的加速性能，可以逐步达到预定的飞行速度。成功将我国第一颗人造地球卫星送入太空的"长征一号"就是一种三级火箭，它采用三级串联的方式，第一、二级采用液体燃料发动机，第三级采用固体燃料发动机。但是，多级火箭需要分段推进，这样又进一步增加了控制过程的难度。因此各国在发展运载火箭的道路上基本上都经历过失望、无措，最后收获喜悦。

我们国家运载火箭的发展更加艰难，研制初期国家工业基础薄弱，幸运的是有像钱学森等一大批卓越的、爱国的、无私奉献的科学家与千千万万的航天工作者不懈的努力，终于历经十余年的拼搏让我们跻身太空俱乐部。

"长征一号""长征二号"是我们国家的第一代运载火箭，让我们解决了从0到1的问题，让我们的卫星能够进入太空。随着技术的不断发展，长征系列运载火箭的家族越来越庞大。

随着卫星越来越大，卫星要飞向的轨道越来越高，我们对更大推力的火箭的需求也越来越高，因此长征二号丙（CZ-2C）、长征二号丁（CZ-2D）、长征三号系列（CZ-3系列）、长征二号E（CZ-2E）等火箭也逐步被研发出来，用来发射一些新型的卫星如通信卫星，或者用于商业发射。其中长征二号丁（CZ-2D）作为金牌火箭一直使用，完成了大量的发射任务。

接下来，为了服务载人航天项目的发展，将宇宙飞船和空间实验室等大型的飞行器送入太空，以长征二号F（CZ-2F）为代表的第三代运载火箭也完成了研制，并托举我国载人航天领域完成了一系列壮举。

最近的十多年来，我国航天事业蓬勃发展，长征运载火箭家族增添了一众新成员，其中有运力超强的可以服务我国的探月、探火等深空探索项目的长征五号系列（CZ-5系列），以及满足不同运载需求的长征六号系列（CZ-6系列）、长征七号系列（CZ-7系列）、长征八号系列（CZ-8系列）、长征九号（CZ-9）、长征十一号系列（CZ-11系列）等众多型号。

经过五十多年的发展，长征系列运载火箭不仅形成了一个庞大完整的家族谱系，还保有超过96%的发射成功率，发射成功率居世界第

火箭型号中的数字、字母和关键字，都是什么意思？

长征系列运载火箭有十多种型号，我国将不同型号的基础型火箭命名为"长征X号"，缩写为"CZ-X"。由基础型火箭改进构型而来的子型号被命名为"长征X号甲/乙/丙"等，缩写为"CZ-X A/B/C"等。

如果火箭在服役过程中有小幅度的改进，便在其名字后加一个"改（G）"字，例如长征三号乙改一（CZ-3B G1）就是在长征三号乙基础上有小改进。

火箭名字后出现"遥X"，表示该火箭装设有追踪飞行状态的遥测设备，为遥测箭。"遥（Y）"字后面的数字是本型火箭生产编号，如"长征五号遥三（CZ-5 Y3）"就是第三枚长征五号火箭。

一，入轨精度、发射次数世界一流，这使我们国家毫无疑问地处于航天技术先进行列。随着我们要走向更远的深空，长征系列运载火箭的家族一定会不断添新丁，让我国航天事业的"长征"之路越走越远！

CZ-1　CZ-2　CZ-2C　CZ-2D　CZ-2E　CZ-2F　CZ-3　CZ-3A　CZ-

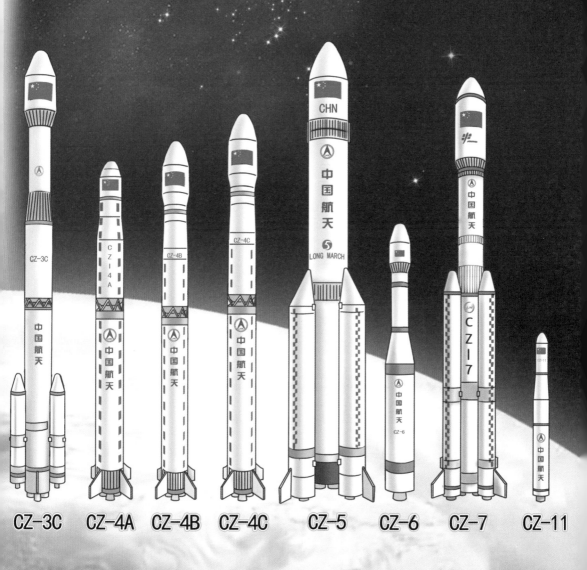

CZ-3C   CZ-4A   CZ-4B   CZ-4C   CZ-5   CZ-6   CZ-7   CZ-11

什么是卫星，什么是深空探测器

　　"卫星"从字面意思来理解，"卫"是保卫、跟从的意思，"星"是天体的意思，说明这里有主有从，从者就是卫星。以我们的地球为例，我们有一颗天然的卫星，就是月球。虽然月球的起源还存在争论，但是月球作为地球唯一的一颗天然卫星是非常明确的。月球对我们的影响也是深远的，自然现象里它影响着潮汐，人类文明里它是各国神话的重要组成元素。围着地球旋转的天然卫星虽然只有月球一颗，但是善于折腾的人类又先后送上去了几千颗人造地球卫星。

　　卫星的本质是人类为了利用空间特性而专门发射到太空中去工作的特殊仪器。比较常用的卫星大概有以下几个分类。

　　首先是通信卫星，我们今天之所以能够收看全球各地的电视节目，尤其是一些体育赛事，主要依靠的就是高轨通信卫星。就像我国古代在山顶修筑烽火台来传递信息似的，高轨通信卫星可以在距离地球表面约3.6万千米的地球同步轨道上来接收和转发卫星电视信号，让我们不错过球赛中每一个精彩的瞬间。同时，成百上千颗的低轨通信卫星让我们无论身处沙漠戈壁、大洋中央，还是高山之巅都能宽带入网，与亲朋好友分享每一分精彩。通信卫星系统一般由空间段、地面段和用户终端组成。

其次是我们每天都会接触到的导航卫星，常见的GPS导航系统、**北斗卫星导航系统**就是导航卫星。我们从"系统"字面意思就可知，导航系统由几十颗导航卫星组成，每颗卫星携带多台高精度的**原子钟**，这些原子钟的时间特别精准，几千万年都不会错1秒，

什么是原子钟？

原子钟是一种计时装置，精度可以达到每2 000万年才误差1秒，在导航系统中被誉为"心脏"。

古有北斗七星引领，今有北斗卫星导航

北斗卫星导航系统是我国具有自主知识产权的卫星导航系统，是中国迄今为止规模大、覆盖范围广、服务性能高、与人民生活关联紧密的巨型复杂航天系统。北斗卫星导航系统建设规划分"三步走"完成：2000年建成"北斗一号"系统，向中国提供服务；2012年建成"北斗二号"系统，向亚太地区提供服务；2020年建成"北斗三号"系统，向全球提供服务。2020年7月31日，中国自行研制的北斗三号全球卫星导航系统正式开通。

为我们在太空中构建了一个庞大的时空基准系统。例如人为地造出了可指引方向的"北斗"星——北斗卫星导航系统，不过它不是七星，而是几十星。就像古人借助北斗七星识别方向一样，如今通过北斗卫星导航系统，我们打开手机就能知道我们在哪里，我们想去的地方在哪里，自动地为我们指引方向。聊到我们中国自己的北斗卫星导航系统，我的内心是非常激动的，像很多大型的工程一样，北斗卫星导航系统的建设是中国航天人创新、拼搏、奉献的过程，是展现中国人、中国的科研和技术工作者的勇气、决心、毅力的集中体现，是我们所有中国人能够为之骄傲和自豪的重要成果之一。

再次是很多飞在太空中的自拍神器——遥感卫星。这些卫星从太空中拍下无数张美丽的地球图片，这些美丽的卫星影像可以制作成精美的卫星图册，更重要的是可以帮助我们真正地丈量地球，让我们知道地球在怎么变化，我们人类的行为给地球带来了哪些好的结果和哪些灾难性的问题，帮助我们打开了更好认识地球的"上帝之眼"，让我们可以更好地审视自己的行为。

还有很多卫星服务于更高深的任务，它们或者是太空中的天文台，跑到大气层外面去更清楚地看宇宙，观测外太空的行星、星系以及其他外太空仪器；或者是灵敏的空间粒子捕手，去捕获各种各样的空间物质，让我们了解这个复杂的宇宙；或者是太空中的实验室，测量来自宇宙深处的引力波或者进行空间量子通信。

上述这些卫星都是围绕在地球的身边来服务我们生活的，帮助我们了解地球、了解宇宙。

还有一类人造太空飞行器，它们是一些出了远门就不会回家的孩子，它们要去见识更深更远的宇宙。这些飞行器被称为深空探测器。它们会飞向宇宙深处，要么在某个行星身边驻留，变

成那颗行星的卫星；要么一直飞行，走马观花似的看到更大的宇宙。这些远行的孩子虽然不会再回来，但是它们会给地球母亲不断发送"书信"，将自己在外面的所见所闻——拍到的照片、了解的信息都一五一十地发送回地球，让我们在家也能看到那些遥远的宇宙深处的信息，让我们提前做好准备，准备着未来人类自己的太空之旅。

进入太空

1957年10月4日，苏联利用R-7火箭发射了人类第一颗人造地球卫星Sputnik-1（中文名"斯普特尼克一号"）。1958年，美国发射了Explorer-1（中文名"探险者一号"）卫星，并接连发射了多颗卫星，开展了不同的试验。20世纪60年代，美国通过阿波罗计划实现了人类登月并安全返回，在月球上留下人类的足迹，走出了人类的一大步。

自古怀揣飞天梦的中国人，曾经是如此地接近正确的道路。我们中国人发明了火药，并进行了初步的应用，甚至有万户这样的先驱进行了火箭应用飞行试验，然而结果却令人扼腕，错失了如此巨大的优势。近代的中国更是积贫积弱，航天的基础更无从谈起。随着美苏太空竞赛的开始，我国意识到了太空的重要性，由钱学森牵头，中国航天有了从无到有的发展。但是中国的航天之路走得异常艰辛，一方面，国家在成立初期极其贫弱，远没有当时苏联和美国那样的国力；另一方面，科技基础薄弱。幸好有钱老等爱国科学家们义无反顾地回国支援，以及几代航天人的不懈拼搏，航天之路走得艰难却走得稳健。在先后突破火箭、卫星的技术之后，终于在1970年发射了我们国家的第一颗人造地球卫星"东方红一号"，完成了"两弹一星"的壮举。

之后，我国航天着重发展了更有实用价值的卫星。随着改革开放后经济实力的不断增强，载人航天作为高新技术的集成代表开始得到快速推进。但是以什么形式发展我国的载人航天事业呢？科学界就这一问题开展了广泛而长期的讨论，最后主要的争论是选择航天飞机还是宇宙飞船的路线上。

航天飞机具备可回收、可重复使用、有效降低载人航天整体成本的优势。但是，航天飞机存在技术难度大的问题，航天飞机的体量要远大于宇宙飞船，需要研制更强力的运载火箭来发射。同时，由于航天飞机需要重复使用，对系统的可靠性与安全性要求都很高，例如其表面材料需要考虑到多次穿过大气层时的高温、高热环境后还能保护船体的能力等，航天飞机的每个环节都有很多关键技术需要突破。

宇宙飞船虽然不能重复使用，但是相对于航天飞机，系统较为简单，技术和经济的可行性较高。同时，我国已经积累了大量返回式卫星的技术，这有助于载人航天事业的稳步发展。最后我们选择了宇宙飞船的路线，因此在1992年9月21日，代号"921工程"的**中国载人航天工程**正式启动。经过十一年的连续攻关与分阶段验证，终于在2003年10月15日成功发射神舟五号载人飞船，航天员杨利伟成为中国第一位"太空使者"。中国成为世界上第三个独立掌握载人航天技术的国家，中华民族的飞天梦终于成真。

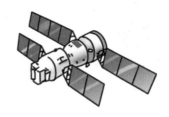

如今，中国航天已经基本覆盖了几乎所有门类，建立了全面的航天体系，从发射运载火箭到卫星研制、载人航天，再到深空探测都形成了自主的技术体系，并走出了自己的特色，正在从航天大国迈向航天强国。

中国载人航天工程

　　中国载人航天工程于1992年9月21日被批准，按"三步走"发展战略实施：第一步，发射载人飞船，建成初步配套的试验性载人飞船工程，开展空间应用实验。第二步，突破航天员出舱活动技术、空间飞行器交会对接技术，发射空间实验室，解决有一定规模的、短期有人照料的空间应用问题。第三步，建造空间站，解决有较大规模的、长期有人照料的空间应用问题。

第三章

奔月之路

伟大的跨越，100年从科幻到现实

你还记得上次赏月是什么时候吗？中秋节那一天，月亮又大又圆，皎洁温柔，像一面巨大的镜子，散发着清冷、洁白的光。月亮，因为它神秘和柔美并济的特点，在古今中外都是灵感的源泉和想象力的起点。在中国的神话体系里面，嫦娥在广寒宫中舞动着翩跹的裙摆，吴刚不舍昼夜地砍着那一棵散发着香气的桂花树，玉兔活泼地蹦蹦跳跳。

到了近代，法国的科幻小说家**儒勒·凡尔纳**写了《从地

从科幻到科技事实——儒勒·凡尔纳

儒勒·凡尔纳是19世纪法国小说家、剧作家及诗人，被称为"科幻小说之父"。用大炮把人发射向月球的做法，就是他在小说《从地球到月球》中描述的，在当时的科技条件下，这是人们对探月方式的一种尝试。凡尔纳的小说，是一个火种，让读者对科学产生好奇。小说中的科学不再是冷冰冰的数据，而是人类探索的动力和支撑。

球到月球》和《环绕月球》两本小说，书中对人类登月进行了认真的推演，给出了一个离现代工程很接近的方法，并且预见了人类的成功登月。美国投入了巨大的人力、物力、财力来促成人类登月这一壮举。1969年7月，航天员阿姆斯特朗登上月球，成为第一个登上月球并在月球上行走的人。

人类是如何登月的？

登月的过程不是一蹴而就的，美国登月计划——阿波罗计划前期经历了非常多的失败，例如阿波罗1号的3名航天员在地面测试中直接葬身火海。在之后"土星5号"运载火箭的13次发射中，人们根据前期用失败换来的经验，保证了后期发射的稳定与成功。同时，人类登月的次数也不止一次，在整个计划中人类多次登上月球并选择了不同的登月点，更不用说带回来的月球土壤、岩石的样本了。

未来的登月计划可以到这些地点去看看人类之前留下的痕迹。由于阿波罗计划实在太烧钱了，而且后来继续下去的动力消失，因此在阿波罗17号创下多项纪录之后，载人的登月活动就停止了。阿波罗计划成功的关键就是"土星5号"，它是一种超重型运载火箭，高110.6米，重约3 038吨，推力达3 408吨。"土星5号"具备足够的推力，使得阿波罗计划可以选择直接转移轨道前往月球而无需多次变轨。"土星5号"运载了指令舱、服务舱和登月舱。

奔月的过程大概是这样的。"土星5号"装载阿波罗号飞船发射升空，之后去除逃逸塔，然后在短暂的**停泊轨道**上运行之后开始变轨进入地月转移轨道。比较直观地来形容停泊轨道其实就好像是跳远前的小碎步，为了跳得更好而做的调整和准备。停泊轨道就是飞船入轨后到转移轨道之间的轨道。这个轨道要受到很多因素的制约，包括发射场的位置、决定入轨高度的火箭运载能力、轨道倾角，等等。同时由于一般停泊轨道比较低，所以飞船会受到大气摄动的影响，消耗能量。大气**摄动**就是航天器在较低轨道运行时，因受到来自大气的阻力所产生的偏差。

什么是摄动、停泊轨道？

摄动指一个天体绕另一个天体按二体问题的规律运动时，因受其他天体的吸引或其他因素的影响在轨道上产生的偏差，这些作用与中心体的引力相比是很小的。

停泊轨道，是指航天器从一个轨道转移向另一个轨道时，暂时停留的椭圆形轨道。根据中心体的不同，可以称为地球停泊轨道、月球停泊轨道和行星停泊轨道。

指令舱分离后转向180度和登月舱对接，然后和火箭第三级分离。在飞往月球的过程中要进行两次轨道的修正。飞船上的3名航天员其实在这段时间应该休息，可是一想到自己即将登月，一般都很兴奋，实际获得的睡眠很少。然后找到准确的时机进行机动进入月球的轨道，之后指令舱和登月舱分离，一名航天员作为指挥长留在指令舱，另外两名航天员乘登月舱在月球表面软着陆。

在月球上完成了科学任务之后，两名航天员乘坐登月舱的上升器离开月球表面，在月球轨道上和指令舱对接。将岩石样本等运回指令舱后，航天员离开登月舱。指令舱和登月舱分离，完成导航后，机动进入月地轨道，最后返回地表。

什么是逃逸轨道、黄道面？

逃逸轨道是抛物线轨道的一种，运行在逃逸轨道上的航天器的速度等于第二宇宙速度，且朝向远离中心天体的方向运行。

黄道面是指地球绕太阳公转的轨道平面。

飞向月球的地月转移轨道，其实可以想象成为我们扔一个石块去打别人踢飞的足球。飞船实际上是在选定的时间点和月球相遇。所以，这个时间点确定了，登月任务就受到了第一个条件约束。之后就是能量的约束，火箭的能量越大，那么航天器从地球到月球的时间也就越短；另外，脱离地球的**逃逸轨道**需要与**黄道面**的夹角尽可能地小，因为我们选择的是地日的轨道向月球飞行。其他的约束还包括飞船进入月球的轨道必须在地面控制中心可以测控的范围内，不能落到月球的背面。逃逸轨道和停泊轨道的轨道面应一致，以此来节省燃料等。在整个过程中，我们还要考虑天体摄动、光压摄动等。

在航天员完成了探月任务之后，就是回家的旅程了。返回地球主要考虑的是入轨点和着陆点，以保证航天员可以安全返回。

从月球可以看到不一样的地球，月球无疑扮演着人类开拓宇宙第一站的角色，月球未来可以作为探索深空的基地、巨大的通信转发器，以及大型的观测平台。

从地球到月球的最佳轨道

在儒勒·凡尔纳的小说里，月球的探索之旅是通过大炮完成的。这在现实世界里是不可能的，尤其是载人飞天，这么大的加速度，都可以把人给压扁了。那么，半个世纪之前人类是如何完成登月的呢？后来又去了那么多月球探测器，这些月球探测器的飞行过程与载人飞行的探测器的飞行过程有什么区别吗？下面我们就来聊聊如何从地球到月球吧。

要去月球，我们需要重点决定几件事情。

一是送人去，还是送探测器去。如果是送人去月球，无论是否能够成功登月，我们都要保证送去的航天员都可以安全地回来。所以我们要给航天员准备氧气，准备吃的喝的。但是火箭的运载能力是有限的，能带上的氧气、食物和水也是有限的，所以我们就需要在这些资源消耗完之前把航天员送到月球再接回来。因此，在载人航天的任务里最主要考虑的因素就是"快"。地月轨道的设计也是要满足"快"这样一个要求。如果是送探测器去月球，最主要的因素就是"省"了。虽然在月球探测器的设计过程中，有的探测器是进行绕月飞行的，有的是需要登月的，有的是需要返回的，但无论是哪一种，由于探测器不需要氧气、食物这些消耗品，所以我们对于此类探测器飞抵月球的时间要求并不苛刻，而是希望在有限的火箭运载能力之下，将探测器尽量造得大一点、能力强一点，且在飞行过程中尽量地节省燃料。因此对于探测器的地月轨道最重要的是一个"省"字。

二是确定发射窗口。我们之前介绍过，飞向月球的地月转移轨道可以想象成为我们扔一个石块去打别人踢飞的足球。我们确定了探月任务，就要通过计算确定探测器到达月球的时间与位置，确定了这些，也就确定了飞往月球的发射窗口。

三是选火箭。像载人登月这样的任务就需要能力强大的火箭，能力越大，航天员从地球到月球的时间也就越短，这样就可以保证在有限的时间里完成一次地月之间的往返。而对于只有探测器这样的不载人探月任务，就不需要使用能力非常强的火箭了，这样可以节省成本。

在各种探月任务中，火箭发射之后就进入了停泊轨道，准备脱离地球后飞向月球。对于载人的发射任务，停泊轨道会很低，时间也很短，瞄准好了月球就会进行一次性的大推力变轨，然后飞向月球。而对于探测器来说，一般一开始就会选择高一点的停泊轨道，也会让探测器绕地球飞好几圈，逐步地扩大停泊轨道的半长轴，并通过地面的测控系统不断测试确定探测器的状态，一直等到一个比较理想的状态再进行轨道机动，然后飞向月球。

　　飞船或者探测器进入地月转移轨道后，还需要经过3～5天的时间才能抵达月球附近，这个时候就要精确地"踩刹车"了，一旦踩的时间和力度不对，要么是直接撞到月球上，要么就是无法进入月球轨道而飞向深空变成孤独的旅行者。飞船或者探测器进入月球轨道后，就是轨道飞行器和登月器的分离了。登月器负责软着陆月球，完成探测再飞回月球轨道和轨道飞行器对接，在转移月球样品和人员后，轨道飞行器返回地球。在整个过程中，地面的测控系统就好像地面那个扯着风筝线的人一样，随时控制着探月任务，保证任务的顺利进行。

中国探月有嫦娥

中国自己的探月工程叫作"嫦娥工程"。月球上有没有广寒宫，有没有玉兔和桂树，当然还是需要"嫦娥"自己去看看。

尽管美国人在20世纪60年代末就完成了人类登月的壮举，但我们仍要发展属于自己的探月工程，因为探月实在是太重要了。

探月有多重要呢？

第一，我们大家都知道，**月球**是宇宙里离我们最接近的一个自然天体了，那么，是否能对月球展开探测就是我们是否能够走

蝶恋花·海岱楼玩月作

[北宋] 米芾

千古涟漪清绝地，海岱楼高，下瞰秦淮尾。
水浸碧天天似水，广寒宫阙人间世。

霭霭春和生海市，鳌戴三山，顷刻随轮至。
宝月圆时多异气，夜光一颗千金贵。

上深空探索道路的第一步。探月也可以说是深空探索的训练场，通过探月工程，我们可以积累未来深空探索的一系列技术。后面的事实也证明了在嫦娥工程的技术积累下，我们的火星探测实现了多步并一步的快速发展。所以说，探月是非常重要的。

第二，月球就好像是第二个南极一样，有着非常重要的战略意义。月球无疑扮演着人类开拓宇宙第一站的角色，未来可以作为深空探索的基地、巨大的通信转发器，以及大型的观测平台。美国现在也提出了月球门户计划，要在月球轨道建立大型空间站并将其作为深空探测的一个基地。同时，人类未来还可以在月球表面建立基地，用来建造大型的科学、观测与通信设备，这些都将为我们走向更远深空提供有力支持。

最后，月球承载了我们这个民族太多美好的想象，去探索它也是我们一个圆梦的过程。

2004年，我国月球探测工程正式立项，名为"嫦娥工程"，中国传承千年的浪漫神话变成现实，中国的逐月之旅正式开启。"嫦娥工程"基本上分为三个阶段实施，就是大家非常熟悉的"绕、落、回"。

第一步"绕"，就是将飞行器送到月球的环绕轨道上，这里主要突破轨道设计及机动变轨技术难题，最后进入月球的轨道，这都依赖轨道转移技术和远距离的通信测控技术。最后进行对月球表面的详细调查，完成对月球表面的全面成像探测。这一阶段我国先后在西昌卫星发射中心发射了嫦娥一号和嫦娥二号。其中，嫦娥一号于2007年10月24日发射升空，实现了中国首次绕月飞行，获取我国首幅月面图，在累计飞行494天完成使命后，于2009年3月成功受控撞向了月球表面。2010年10月1日，嫦娥二号翩然升空，首次直接进入地月转移轨道，来到了距离月球更近的轨道上，嫦娥二号的首要任务是为嫦娥三号的预定落月区域——虹湾进行地毯式的高清晰度拍摄，为中国航天器首次月面软着陆打前站。

完成月球探测之后，嫦娥二号还拜访了地球的邻居——小行星4179，学名叫"图塔蒂斯"。图塔蒂斯又名"战神"。2012年12月13日，来自中国的"仙女"嫦娥二号追上了"战神"，抓拍到了有史以来第一组"战神写真"。拍完照，嫦娥二号已经离开地球700万千米了。它完成了全部使命，从此"流浪"深空。

第二步"落"，嫦娥三号带着玉兔号月球车实现了在月球表面的软着陆。玉兔号月球车第一次带着五星红旗在月球表面巡游、探测，对月球的地表地貌完成了局部详细的调查，为接下来的采样返回准备了充足的数据支撑。嫦娥四号也带了一只玉兔——"玉兔二号"对月球背面进行了探测。由于信号会被月背阻隔，探测器无法与地球直接通信，所以在发射嫦娥四号之前，我国专门发射了一颗中继卫星"鹊桥"。正如它的名字，"鹊桥"能够在地面测控站与落在月球背面的嫦娥四号探测器之间，搭建一座传输信号与数据的桥梁。通过"鹊桥"，地面测控站可以为嫦娥四号软着陆及月面工作期间提供测控支持，嫦娥四号着陆器和巡视器获取的科学数据也可以传回地球。在这一技术的支持下，我们国家完成了国际首次月球背面软着陆和巡视探测。

第三步"回"，做好上述准备之后，我们也研制并调试好了我们的"小胖子"——长征五号运载火箭。长征五号运载火箭有

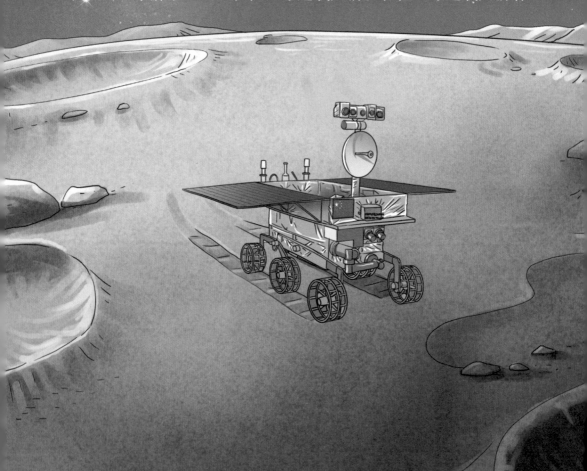

着强大的运载能力，只有它才能把又大又复杂的嫦娥五号送往月球。嫦娥五号不但要着陆到月球表面，还要在月球表面挖点土带回来。它在月球表面采集好样本后，通过上升器返回月球轨道并和返回器对接，由返回器将样本带回地球给科学家们进行研究。

叶培建院士曾说："我们既然要探月，就不能和外国人走的道路一样，只有起点高、跨度大，我们才能追得上。"时至今日，中国探月工程"绕、落、回"完美收官。

星空浩瀚无比，探索永无止境，中国探月的脚步不曾停歇。接下来，我们还会将我们的航天员送到月球上，还要在月球上建造月球基地，未来你也许会是月球上的一员呢！

中继卫星"鹊桥"

嫦娥四号

嫦娥一号

嫦娥二号

嫦娥五号

嫦娥三号

嫦娥五号返回器

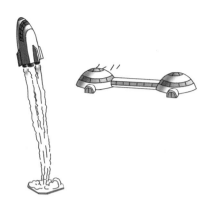

月球基地和月球轨道空间站

　　人类已经完成了月球探测、着陆、采样、巡游、返回等壮举。在这一系列技术难点被突破之后，前往月球已经不再是难题，难题是下一步的探索该如何开展。所以人们提出了开发月球的两大构想，一个构想是在月球的表面建立基地，另外一个构想就是在月球轨道上建立空间站。

　　关于月球基地的构想已经有很多。过去的几十年，很多科幻作品里描述过月球上的人类基地。这些月球基地大概可以分为几类，一类是人类新的定居点，就是在月球上建造一个人类可以长时间生存的基地，让一部分人移民到月球上去生活。还有一类就是将月球变成一个巨大的矿场，在这里进行地球上稀缺的资源开发；也会有一些人在这里生活，但是大部分是自动化的设备，如自动化的采矿设备、自动化的加工基地、自动化的运输系统等；或者待在月球上的只有非常少的人，更多的是人工智能机器人。还有一类基地就是作为深空旅行的第一站，将物资在这里集结、加工，再从这里出发去下一站。

这些构想都有一定的科学与工程基础。实际上，各个国家也都在着手制订开发月球的计划。优先实现的可能是一些面向科学应用的基地，比如天文探测类的基地。我们知道地球被大气层包裹着，大气层在隔绝宇宙射线辐射、保护地球生命的同时，也使得很多天文观测很难在地球表面进行。将天文望远镜发射到空间轨道上又受到火箭运载能力的限制，像詹姆斯·韦伯这样的"大家伙"在折腾了30年后才能上天的巨大望远镜也不过只有6米多的口径。但如果我们将这些望远镜建在月球上，那么我们就可以建造规模非常大的观测设备，使我们更容易地进行宇宙探测。同时，我们也可以在月球表面构建大型的探测设备来对地球本身进行探测，由于其本身的稳定性，可以从"上帝视角"更好地认识我们生活的地球。还有很多分布式的探测设备需要多个望远镜和天线之间保持稳定的位置关系，如果是通过空间轨道控制的话，难度非常高，但是如果在月球上部署就可以较好地实现。因此最有可能第一步实现的就是用于科学研究的月球基地了，但是我们依然需要解决研制出具有强大运载能力的火箭和在月球上就地取材及基地建设能力的问题。所以，发展建造更强的火箭、发展星球采矿技术和加工技术，以及发展3D打印和自动化组装的技术都是很重要的。

接下来就是构建月球人类基地的问题了，我们需要利用月球上的物质构建一个可供人类长期生存的环境，解决空气、水、食物等各种各样的保障问题。这意味着我们要在另外一个星球上打造出一个小型的生态系统，所以不但要突破建造、能源的技术，还需要解决移植一个生态系统的问题。我国北京航空航天大学就在地面开展了这样的试验——"月宫一号"，这里构建了一个与外界隔离的生命保障系统，并由志愿者在里面封闭生活了很长时间，随着这些技术越来越成熟，我们到月球及其他星球生活的可能性也越来越高了。

如果说月球基地像是城市的话，那月球轨道空间站就更像我们高速公路边上的服务区了。月球轨道空间站基本是服务一些不需要登陆月球的空间飞行器在这里停靠，它就像一个空间码头，飞行器在这里补充物资、能源，然后再进行下一步的深空旅行。月球轨道空间站的最大作用就是将着陆月球、地球到月球，月球轨道到行星轨道给分解开，通过分别运输、组装等空间操作，使空间飞行器在这里做好充足的准备后再启程进行更远的深空探索，因此月球轨道空间站是对月球基地的增强，也是对地月纽带的增强。相信，这两种构想都将会在不遥远的将来一一实现。

第四章

下一站，火星！

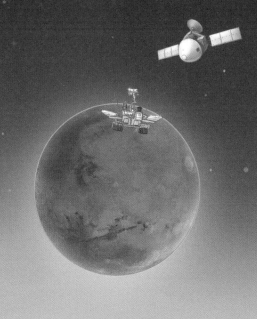

深空探索大热门：火星

火星在人类拉开深空探索的序幕之后，变成了一个备受青睐的目的地。针对火星的探测已经开展了几十次，火星可谓是太阳系里最热闹的行星。人类针对火星的探测不但次数多，参加的国家也非常多。开展火星探测的国家有俄罗斯、美国、中国、印度、阿联酋等。

火星探测器主要包括轨道探测器和着陆器，而如今成功着陆

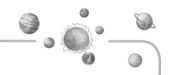

中西方对火星的理解

火星在中国古代被称为"荧惑"，该词来源于古书中记载的"荧荧火光，离离乱惑"。这是由于火星呈红色，对应五行中的火；而且火星在天空中的运动，有时从西向东，有时又从东向西，情况复杂，令人迷惑，所以中国古代叫它"荧惑"。

火星的英文是"Mars"，这是因为火星呈现的红色往往让人联想到血，古罗马人便将罗马神话中战神王马尔斯的名字"Mars"给了这颗行星。

现在，我们知道，火星之所以看起来是红色的，和它表面的氧化铁有关。

火星表面的只有中国和美国的着陆器。火星既不是太阳系里最美的行星，因为最美丽的地外行星应该是土星；也不是最大的行星，因为最大的是木星。那么，为什么会有如此多的探测器造访火星，让它成为一个深空探索的大热门呢？

简单地说，火星之所以成为热门的目的地，是因为它的几个特质。

第一点是它在整个太阳系里突出的"宜居性"。虽然火星并不是真正宜居，毕竟常态零下几十摄氏度甚至一百多摄氏度的温度，还有火星全球性的沙尘暴和稀薄的大气。但是和其他的行星一比较，火星就明显具有宜居可能性了。火星有着和地球非常接近的自转速度，这里的一天和地球上的一天差不多长，自转轴倾斜角度和地球也很接近，所以火星上也有四季。更加重要的是，这里发现了很多能够证明火星存在水的证据。当前的探测结果表明，火星上很有可能存在大量冰。火星上的矿产丰富。随着人类各项技术的进步，或许在不久的将来，人类可以通过将足够的设备送往火星后，就可以利用火星本身的资源，建设火星上的人类"根据地"了。

第二点是火星的"文化吸引力"，由于火星"宜居"的特质，过去的几十年里涌现了大量的科幻作品，这些作品无一不把火星作为地球之外的人类第一个定居点。在很多科幻作品里，人类已经做了非常详细的思考，例如如何在火星表面建造抵御寒冷的新材料建筑，如何制备氧气，如何在火星表面采矿，如何提取空气中的氮来施肥从而种植作物等。这些围绕火星的文化作品影响了一代代人，这些人中很多又在童年梦想的指引下，投身火星探测的事业中。

第三点也是很重要的一点，就是火星"离家近"。离得近有很多好处，首先是旅程所花费的时间是可以接受的，在确定合适的发射窗口后，探测器前往火星只需要几个月。这个时间与前往其他的地外行星动辄需要数年甚至数十年的时间比较起来，就显得火星离地球近多了。同时，离得近也就意味着我们可以向火星发射比较大的飞行器，更容易进行探测。离得近，通信带来的延时也可以接受，地面控制中心可以对一些探测结果、探测器的一些问题进行比较快的处理，提高成功率。虽然探测火星总体难度并不算太大，但是依然有大量探测任务以失败告终，这也时刻提醒人类深空探索的不易。所以，既有挑战又较易实现的探测也是火星屡屡被选中的原因。

当然，火星也是在人类成功登月后很自然的下一站的选择，因为水星、金星环境太恶劣不适宜人类前往，木星、土星又太远，火星作为第一个行星目的地也就顺理成章了。接下来，我们就聊聊我们可以在火星上做点什么，什么时候我们人类可以到那里去生活。

登陆红色星球的中国"祝融号"

2020年7月23日，中国的火星探测器天问一号在中国文昌航天发射场发射升空。天问一号里有一辆火星车，它在接下来的10个

月左右里好好地睡了一觉，在2021年5月15日，天问一号的着陆巡视器与环绕器分离，带着这辆火星车向火星的地面飞去。这个短短的着陆过程却是整个任务里最难也最惊心动魄的。

怎么样才能平安着陆呢？

首先是利用火星的大气来减速，用着陆器比较钝的一头来和火星大气进行摩擦。速度快速降低后，再打开降落伞，进一步降

低着陆器下降的速度，因为这辆火星车重达240千克左右，从天而降，速度太快就会粉身碎骨。完全用降落伞减速也不够。着陆器在快到火星表面的时候扔掉了降落伞，打开了反推发动机，然后慢慢下降，这个时候打开了光学相机和激光三维成像仪，在空中悬停进行着落点的地形测量，确认之后，再稳稳地完成着陆。整个过程十分复杂，完全自动进行，最后这辆身披五星红旗的火星车带着全国、全世界人民的期盼，驶向了火星的表面。它就是**"祝融号"火星车**。

中国人自古向往太空，所以这些将神话变为现实的航天器都采用了神话人物的名字。在古代神话中，祝融的名气可能不像嫦娥那样家喻户晓，他是主管火的神，因此将第一辆火星车以他的名字来命名，也寓意着"祝融号"火星车是中国在火星探测、深空探测的一颗火种。

"祝融号"火星车名字的由来

"祝融号"的名字，取自我国著名古代神话。祝融，号赤帝，是中国神话中的火神。火的应用促进了人类的发展，驱散了黑暗，带来了温暖。"祝融"号寓意是，火星探索像一颗火种，点燃了中国航天逐梦星辰、不断超越的星星之火。

"祝融号"火星车长什么样子呢？

它有一根长长的脖子，长脖子上是它的大眼睛。"祝融号"的两个大眼睛是地形导航相机，可以像我们人一样看到立体的画面，让它知道自己该怎么走，该往哪里走。"祝融号"头上还有一个多光谱相机，这个相机更厉害，可以对土壤、岩石进行更

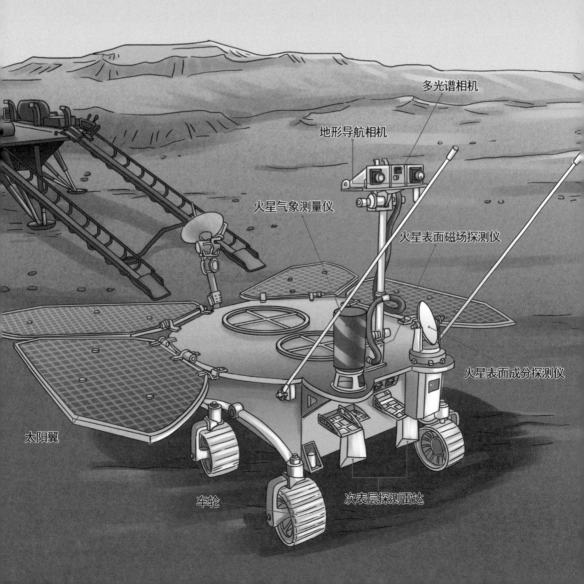

多光谱相机

地形导航相机

火星气象测量仪

火星表面磁场探测仪

火星表面成分探测仪

太阳翼

车轮

次表层探测雷达

精细的探测。"祝融号"还有一对大翅膀——太阳翼，像蝴蝶一样，这个翅膀是它的动力来源，这几块太阳能电池板向"祝融号"源源不断地提供支持它行驶、探测、通信的电力。"祝融号"还有脚，它的脚是六个小轮子。

"祝融号"还有些什么本领呢？

它的本领可多了，除了头上的几台相机以外，它还有火星表面成分探测仪，这个探测仪和多光谱相机一起可以对火星表面的物质成分进行分析，了解它们的成分和组成。它还有火星表面磁场探测仪，用来测量火星的磁场强度变化。它还有次表层探测雷达，通过发射可以穿透地表的微波，对火星的地下物质如水、冰等进行探测。它还有一个火星气象测量仪，让自己变身成为一个移动气象站，测量火星大气的温度、湿度、气压等参数，构建火星大气的模型，积累我们对于火星大气的认识。

"祝融号"跑得快吗？

虽然"祝融号"电力足，但是它跑不快，也不能跑快。首先，"祝融号"的主要任务是科学研究，不是赛车，所以它不需要跑得快，可以慢慢地走很远的路。其次，火星表面的地形是非常复杂的。火星表面四处散落着大量的岩石，很多岩石在风沙的环境中形成了非常尖锐的外形。在我国西北的戈壁，我们可以看到类似的地貌。这些岩石很容易破坏"祝融号"的轮子，导致它丧失行动能力。由于没有人能跑到火星维修它，所以"祝融号"既不能坏，更不能翻车，它需要小心谨慎地行驶，看一圈走两步。

"祝融号"火星车是凝结了中国力量和中国智慧的探路者，希望它能在火星上长久地探索，揭开更多火星的秘密。

人类移居火星还要多久

　　在很多科幻小说、科幻电影里，火星已经毫无疑问是人类未来在太阳系中的主要定居点了。关于移居火星，开发火星的周边产品包括小说、研究、游戏等数不胜数，那么人类移居火星到底还需要多久呢？

首先，我们要解决把人类送到火星的问题。人类已经成功登月，这是上一个世纪的事情了，距今已经过去了半个世纪左右，如果按照之前的估计，科学和技术以指数的速度来增长的话，人类现在应该已经登陆火星了。很可惜，人类不但没有登陆火星，现在暂时也没有重返月球，这不是技术水平够不够的问题，而是代价实在太大了。例如美国用于发射阿波罗飞船的"土星5号"运载火箭一次发射的费用超过了一艘航空母舰，因此在没有实际收益的情况下，这样的探索活动是难以持续的。

从地球去月球最快也需要差不多三天的时间，往返月球大概要花费一周的时间，时间看起来很短，但是这已经几乎用尽了系统的所有余量。在阿波罗系列载人登月任务中，曾发生一件惊险的事件，当时阿波罗13号出现故障，导致3名航天员差一点无法安全返回地球。相比去往月球，前往火星最短也需要好几个月的时间，而且前往火星的发射窗口也是非常有限的，所以我们需要建造更庞大的宇宙飞船，携带足够多的物资，以满足漫长飞行过程中太空旅客的一切生命所需。一些商业公司正在力图解决这个问题，但是毫无疑问困难是巨大的。登陆火星比登月难太多了，而且在可以预测的技术发展路线上，几十年内应该只能保证把人送到火星，要想让人从火星回来暂时是毫无办法的。

其次，我们要解决在火星上的生存问题。到达火星的第一批探路者要解决基本的空气、食物的问题。火星实在太远了，无法像空间站那样可以源源不断地得到来自地球的物资输入。第一批来到火星的探路者需要像电影《火星救援》里的主角那样，想尽一切办法就地取材，解决在火星活下去的问题。

试想，我们到达火星之后，需要解决基地建造的问题，显然能带过去的只有工具，物资只能就地取材，无论是岩石、金属还是其他材料，我们都需要把加工这些原料的设备带过去。但是这些设备在地球上往往非常庞大而且系统复杂，所以我们只能等待工具的突破。当然还有一种很重要的方法是携带可以制造工具的设备过去，源源不断地产生生产力，这个看起来也同样困难，不过随着3D打印等各种各样新的建造技术的出现，做好这些事情的可能性似乎也越来越大了。

最后，我们还需要建造火星车等交通工具来收集资源用于建设，这些火星车也是需要首批探路者在火星上自己制造出来的。这样才能将分散各处的金属、水等资源收集起来，为打造基地服务。

基地内部要有人类生存所需的空气，还需要在这个内部环境中构建一个可持续的生态系统，在这里进行种植、生产和收获，不断地生产满足生命持续的物资。

总结起来，人类要成功地移居火星需要几个方面的能力：交通能力、资源采集和加工能力、制造能力，还有生态系统打造能力。最早可能实现的是交通能力。资源采集和加工能力、制造能力应该首先在月球上加以验证。生态系统打造能力，还是非常大的未知数。即使这些因素加在一起，我们也才迈出移居火星的第一步。因此，乐观地说，人类移居火星应该是几代人之后能实现的愿望吧！

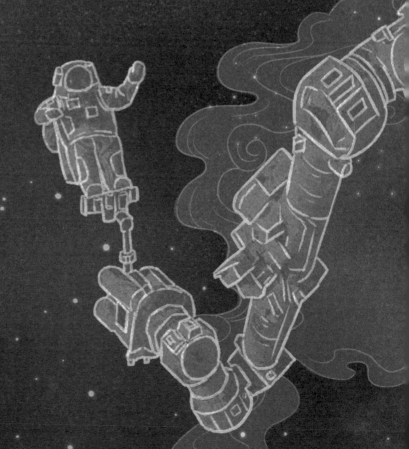

第五章

在太空安个家

空间站发展的历史

空间站是人类可以离开地球表面长期生存的空间设备，也是一个开展太空实验的重要场所，是人类探索太空过程中非常重要的一步。

最早的空间站是由苏联研发的"礼炮号"空间站。由于在太空竞赛中美国举全国之力投入实现了登月，苏联无法在登月这个方面和美国竞争，就投入了空间站的研发和建设工作。"礼炮号"空间站就是在这样的背景下产生的，"礼炮1号"到"礼炮7号"7个空间站先后被发射。其中"礼炮1号"到"礼炮5号"属于第一代空间站，只有一个接口，空间站只能和一个飞行器对接，航天员只能在空间站里停留有限的时间，在物资消耗完之后就要乘坐宇宙飞船返回地球。连续发射的5个空间站也使得苏联开展了大量的太空实验，虽然发生了"礼炮1号"3名航天员在事故中丧生的惨剧，但是也正是这些试错构建了空间站建设的很多基础认识和规范。后面的"礼炮6号"和"礼炮7号"就多了一个接口，这样每一个空间站就可以同时对接一个宇宙飞船和一个货运飞船，因此地面可以源源不断地给空间站运输物资，其中"礼炮7号"在轨运行了3 000多天，很多航天员也在"礼炮7号"上创造了空间长时间停留的纪录，"礼炮7号"上开展的大量实验也是成果丰硕。

"礼炮号"空间站也为后面的空间站发展奠定了非常好的基础，苏联和之后的俄罗斯开发并维持建设了"和平号"空间站。"和平号"空间站相对于"礼炮号"空间站就有了非常大的升级。首先是空间站的构成方式变了，从"礼炮号"的两个接口变成了5个，这样就可以"搭积木"了。其次，"和平号"空间站的规模相较于"礼炮号"空间站有了非常大的提升。"和平号"空间站主要有6个长期在轨的模块，包括核心舱、量子1号、量子2号、晶体号、光谱号、自然号。这些模块用于支持航天员长期在轨驻留，以及实现空间站的指挥控制、天文探测、对地遥感等功能。"和平号"设计寿命为5年，超期服役了10年，一共服役约15年，其间创造了非常多的纪录，和很多宇宙飞船、货运飞船和航天飞机完成对接，接待了多位来自各国的航天员。2001年3月，"和平号"空间站在地面飞行控制中心的控制下，坠入大气层焚毁，其碎片落入大海。

"和平号"之后，太空中很长一段时间就只有国际空间站了。国际空间站可以说是一个庞然大物，它采用了桁架挂舱式结构，在一个主桁架上进行扩展，一共由十几个舱段组成，规模达到了100多米长、70多米宽，可以同时容纳多个国家的多名航天员在这里开展科研活动。俄罗斯、美国、日本和欧洲的载人飞船和货运飞船都频繁地和国际空间站对接，保障多国科学家可以持续地在这里开展研究工作。国际空间站开展了种类繁多、意义深远的多项实验。

中国的载人航天通过神舟飞船、天宫一号、天宫二号开展了大量的载人航天飞行试验。2021年4月29日，天和核心舱发射入轨。2021年10月16日，神舟十三号完成了与天和核心舱的对接，中国自己的空间站开启有人长期驻留时代。2022年7月24日，问天实验舱发射入轨，7月25日成功与天和核心舱对接。2022年10月31日，梦天实验舱发射入轨，11月1日成功与中国空间站组合体交会对接，逐步构建完整的中国空间站。在国际空间站退役后，中国空间站有可能在一段时间里成为唯一的近地空间站。

空间站的作用和意义

　　空间站是一个庞大复杂的系统，空间站的建设要消耗大量的人力、物力，那么我们为什么还要花这么大的代价来建设空间站呢？

　　空间站的首要意义就是人类在地球表面以外，建造一个人类可以长期生存的环境，为未来的星际旅行做准备。载人航天是从飞船的空间飞行开始的，这种空间飞行从开始的短暂几十分钟到后来的长达几小时。随着载人航天技术的发展，我们就不再只是满足于短暂的穿梭，而是希望在太空中停留的时间更久，来了解这个和地面迥异的环境。空间站的建设和发展用事实证明了人类在外层空间的生存能力。通俗地说，这个过程就像人们在浅水区学会了游泳，就是迈出了后面到深水区、到江河大海里游泳的第一步。

　　其次，从比较务实的层面来看，载人航天同时也承载了很多科学研究内容，这正是载人航天的特色和优势。有了空间站，人类就可以在太空里待的时间更久，可以开展更为复杂、更为多样的空间实验。例如我们的天宫空间站在太空工作过程中就要开展很多科学实验，因为有航天员的介入，因此可以进行一些非常复杂的空间实验，尤其是很多需要在微重力环境下进行的实验。实验的内容覆盖了基础科学、天文探测、生物实验、对地观测、材料制备等多种类型的研究。

空间站的建设非常复杂，需要突破很多难关，但在突破这些难关的同时也积累了非常多的技术，比如大家熟知的婴儿纸尿裤最早就是为航天员设计的，诸如此类最早用于航天后来在日常生活中广泛使用的技术还有很多很多。因此，空间站的建设看起来是花了非常多的钱造了一个远离地面的庞然大物，感觉和我们非常遥远，但是蕴藏其中的技术和进步却是在真真切切地造福着生活在地球上的普罗大众。

空间站还有非常强的教育意义，我们的航天员已经通过天地连线为大家上了许多堂生动的天宫课程。在太空的特殊环境下，很多物理现象都是地面上没有的，因此各种小试验都会变得非常有趣，让大家对航天、对科学产生浓厚的兴趣，吸引更多小朋友立志成为未来的科学家和工程师。这也算是起到航天人才储备的作用了。

最后，从国家的角度出发，建设空间站也有着巨大的意义。

当年苏联建设的空间站就为它在输掉登月竞赛之后，赢回了一小局。空间站只有实力强大的国家才能支撑。我们国家的载人航天和空间站建设在技术全面封锁的情况下，自力更生、艰难但稳步地发展，从运载火箭、宇宙飞船、空间站实验室、空间站，中国航天人坚实地走好了每一步，自主建设属于我们自己的空间站，用事实说明了我国无可争辩的实力，也为我们国家赢得了巨大的国际声誉。

哦！对了，空间站还是一个交朋友的地方，未来围绕中国空间站的建设和科研的共享，我们也将打造一个以中国空间站为核心的航天朋友圈，让更多爱好和平、致力发展的朋友一起加入空间开发的合作中来。

空间站的作用和意义巨大，需要更多青年才俊加入到这个建设的队伍里来，用大家的智慧与知识，让我们走向更远的深空，去探索无限！

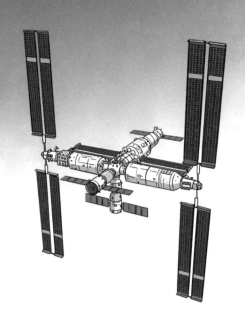

你好！中国空间站

2021年6月17日，神舟十二号载人飞船与中国空间站天和核心舱成功对接，聂海胜、刘伯明、汤洪波3名航天员顺利进驻天和核心舱，这意味着真正属于中国自主的空间站时代到来了。之后，第二批航天员翟志刚、王亚平、叶光富也成功进驻，在中国空间站上待了6个月，中国空间站开启了有人长期驻留时代。这是在技术完全封锁的情况下，中国航天人发扬"特别能吃苦、特别能战斗、特别能攻关、特别能奉献"的载人航天精神，攻克了一个个难关，突破了一项项关键技术，完完全全靠着我们中国自己的智慧、努力和奉献精神造出的一座"天宫"。

中国空间站可以划归为第三代空间站，虽然没有国际空间站的规模那么庞大，但是从功能与配置来说毫不逊色，也非常适合我们国家的实际需求。

中国空间站采用了积木式的架构，空间站"T"字基本构型由天和核心舱及问天实验舱、梦天实验舱组成。

天和核心舱由节点舱、生活控制舱和资源舱组成，配置有2个停泊口和3个对接口。实验舱对接停泊口，载人飞船、货运飞船和其他的航天器可以通过3个对接口与空间站进行对接。核心舱还有一个出舱口，可以让航天员进行出舱操作。

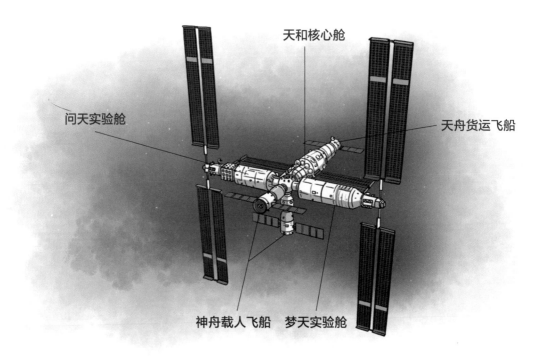

天和核心舱

问天实验舱

天舟货运飞船

神舟载人飞船　　梦天实验舱

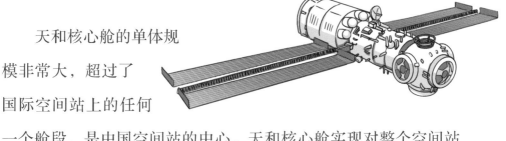

天和核心舱的单体规模非常大，超过了国际空间站上的任何一个舱段，是中国空间站的中心。天和核心舱实现对整个空间站的控制，包括能源、姿态等。这里也是航天员休息、生活的主要空间。中国空间站里的"卫生间""健身房"都在这里。由于天和核心舱足够大，除了主要的空间站控制设备，这里也有大量的科学实验装置，在两个实验舱深空对接之前，航天员可以在这里提前开展空间的科研活动。

两个实验舱主要用于开展空间科学实验，除了既定的科研实验项目，中国空间站也向大众征集和遴选研究项目，大众好的想法可以借由航天员之手在空间站里完成实验。问天实验舱还设计了核心舱管理控制组合体的功能备份，在必要的时候也可以对整个空间站进行管理。依托于实验舱，航天员可以开展舱内和舱外的空间科学实验。两个实验舱规模也很大，加上核心舱一共安排了14个科学实验柜。每个实验柜都可以看作是一个标准化、模块化的实验室，可以开展多项科学实验。这些实验包括了新型材料的制造研究、微重力条件下物理和化学过程的研究、空间生物过程的研究等，以及对基础的相对论物理学、流体力学等理论的验证、应用等方面的研究。除了舱内，舱外还部署了暴露实验平台，并且配置了先进的机械臂，其操作精度高，操控范围覆盖了空间站的所有地方。机械臂可以在航天员舱外作业时进行有效的辅助，也可以支持航天员在舱内通过遥控对舱外设备进行精准操控。由于实验装置可以滚动部署，所以，预计在中国空间站运行的10年以上的时间内，可以开展千余项的空间实验，取得丰硕的成果。

从这里也可以看出，中国空间站单体规模大、结构集中，加上高效的天地往返系统，以及空间通过机械臂和货运接口的设计，可以实现完全自动化对接和货物、载荷进出舱。中国空间站可以高效地开展空间科学实验，是非常适合我国空间研究与技术发展的。未来，随着需求的增加，中国空间站的整体规模也可以进行灵活的扩展。相信，将来我们会有更多的科研成果和核心技术在这里孕育，造福人类！

空间站里航天员的一天

航天员是如何度过他们在太空里的一天呢？首先我们要聊聊
"一天"的概念。我们在地球表面的一天一般是指日出而作，日
落而息，也就是太阳东升西落到再次东升算是一天。空间站一般
飞行在400千米左右的近地圆轨道上，这个高度上的飞行器轨道
周期是固定的，大概是一个半小时。轨道周期就是空间站绕地球
一次的时间，所以在空间站上每过一个半小时就能看到一次日出
或者日落，按照这样来算的话，地面上的一天就等于空间站上的

一天有多长？

古人对于时间的理解，是朴素和直观的。地球上的一天，指的是日升日落
中间的时间。在进行神话创作的时候，老百姓加入了很多浪漫的情怀进去，比
如，将天庭的一天设置为365天，所以有了"天上一天，地上一年"的说法。
实际上在不同的天体上，日升日落的时间都是不一样的。拿月亮举例子，月球
自转一周大约需要27.32天，月球上的一天差不多是地球上的一个月。

十五六天了。

　　但是航天员都是在地球表面生活惯了的，身体的生物钟还是和地球上保持一致，很难按照一个半小时一天的节奏来生活，因此航天员在空间站里过的一天还是和地球上的一天一样，这样才能避免生物钟的紊乱，保证了航天员的身体健康。

　　因此航天员一天生活作息也就和地面上一样了，五六点钟醒来，然后开始洗漱，整理个人卫生。但是由于空间站里处于失重状态，航天员的行动并不如地面便利，稍微大一点的动作都会让自己飞走或者旋转起来。第一次在天地转播的视频里就可以看到航天员哪怕是穿一双袜子也要花很长时间，需要将自己先固定好才能进行。在洗漱、理发或者剃须的时候也要特别注意及时吸走碎屑等，避免造成污染。总之，很多在地面上很简单的事情在空间站里就变得比较困难，要花更多的时间来完成，也需要格外小心来保持干净和有序。

完成了个人卫生工作后，就到了早餐时间，由于空间站有足够的存储空间，也经常有货运飞船到来，航天员的饮食还是不错的，蔬菜、水果，蛋白质丰富的各种肉类都有。口味也是多样的，鱼香肉丝、宫保鸡丁这些家常菜都有。

吃好早餐就开始了一天最主要的活动了，那就是工作。空间站的初期最主要的工作就是将载人飞船和货运飞船运输来的实验仪器，各种用品进行有序的安装、配置、妥善存放。在完成仪器的调试后，就要根据实验计划有条不紊地开展空间实验了。空间站里航天员的人数是有限的，但是实验任务的种类丰富多样，从生物培养到天文观测，从材料制备到对地成像，航天员一天里的大部分时间都需要在合理规划后逐项地开展各项空间实验工作。

当然航天员也要应对很多突然的工作，比如在仪器故障时进行排查维修，有的时候也需要出舱操作，那么还要经历太空行走。也可能突然接到释放卫星之类的任务。因此工作是航天员一天最为主要的活动。当然，航天员也不是一刻不停歇地工作，午餐、晚餐也要好好吃，中午困了累了也要小憩一下。

航天员自己也是空间实验很重要的一部分，那就是照看好自己的健康状况，每天要多次对自己的健康数据进行采集，如心跳、血压，为探究空间环境对人类身体的影响积累重要的基础数据。航天员还有一项非常重要的任务就是锻炼身体，在太空的失重环境下，人体不再承受自身重力，人体骨骼中的钙会流失，肌肉也会慢慢萎缩，所以对于长期驻留在空间站的航天员，运动锻炼非常重要。由于没有重力，太空中的健身器材与地面上的相比都比较特殊，往往都会多出一些施加拉力的装置，从而产生和肌肉的对抗，达到在正常重力环境下锻炼的效果。

另外，航天员还有很重要的一个任务就是给地球上仰望天空的人们，尤其是年轻人上课，通过太空中特殊的物理现象来给广大青年介绍空间里的科学知识，并吸引更多人来关注航天、参与航天。

最后，和大家一样，一天里也不能只有工作，忙完了一天的工作也要放松娱乐一下，可以看看电视追追剧，或者和地面的家人、朋友通电话，视频聊天，等等。那么，我们的航天员是怎么"上网"的呢？中国空间站与地面无障碍实时通信的背后，运行着一个完整的天地通信系统。这个通信系统包括我国从南到北、从东到西的多个测控站点，以及天上覆盖着全球的天链中继卫星系统。这套天地一体的通信系统提供了空间站里如同地面"5G"一般的通信体验，满足了航天员从科研到生活的通信需求。娱乐活动结束，航天员会按照他们在地面时的生物钟，洗漱、睡觉，迎接新的一天。

第六章

探索太阳系

夸父逐日

2022年10月9日，我国综合性太阳探测专用卫星**"夸父一号"**——先进天基太阳天文台在酒泉卫星发射中心成功发射，迎光启航，逐日而行，带着我们的无限向往去探索太阳系中唯一的炙热恒星——太阳。

太阳是太阳系的中心，是一个巨大的火球，其大小约是地球的130万倍，质量约是地球的33万倍。它庞大的质量牢牢地控制住了太阳系内的天体，让八大行星及其他的小行星等天体不断地围绕它旋转。

"夸父一号"名字的由来

夸父是中国著名的神话人物，"夸父逐日"的故事体现了中华民族敢于探索、勇于挑战、追逐梦想的精神，以夸父命名象征着我们对于太阳的探索已经快步加速，且不停歇。

太阳靠着核聚变来释放它喷薄的光与热，是我们的能量与生命之源。太阳几乎提供了我们日常使用的绝大部分的能量，除了核能、潮汐能外，太阳能发电、火力发电、水力发电、风力发电的能量源头都是太阳。可就是这个我们非常熟悉的太阳，对于它我们又是那么的陌生。因为在它澎湃的生命之下隐匿着太多的秘密。

太阳的生命是充满张力的，是变化多端的，而这些变化也在方方面面影响着我们的生活，因此了解太阳的这些小秘密能帮助我们躲开它的坏脾气，让我们和太阳更好地做朋友。

和地球一样，太阳并不是一个从里到外都一样的星球，它分为内部和太阳大气。内部由里向外分别是核心层、辐射层、对流层；太阳大气由里向外分别是光球层、色球层、日冕层。

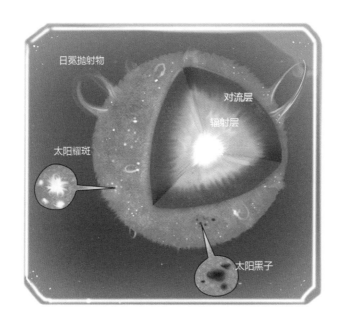

核心层是太阳真正的能量产生的地方，这里压力非常大，温度高达1500万 ℃，为核聚变释放出巨大的能量创造了条件，这些能量会转化成光能和热能向四处扩散。核聚变释放出的高能量光子，简单来说就是太阳光，在辐射层被不断地辐射吸收上千次后，最终以X射线、紫外线、可见光等形式辐射出来，到达太阳表面。

太阳光大致可分为可见光和不可见光。可见光就是我们看到的太阳光，经过三棱镜后会折射出紫、蓝、青、绿、黄、橙、红颜色的光；不可见光就是我们肉眼看不到的光，其中包括我们熟悉的会导致皮肤癌的紫外线，以及更加致命但是被地球大气吸收殆尽的X射线。

太阳光从太阳表面跑到地球只需要8分钟的时间。但太阳光从核心层辐射到太阳表面却需要十分漫长的时间。据估算，一个光子若要从太阳发生核聚变的地方跑到太阳表面，需要几百万年到一千万年。这是因为光子在从太阳内部向表面突围时，会不断与其他粒子碰撞，路径可谓漫长曲折。

对流层，顾名思义，就是将太阳内部能量中热的部分送到外面，把冷的部分送回内部。

光球层就是我们看到的太阳表面，地球上接收到的明亮耀眼的太阳光基本上都是由光球层发射出来的。光球层的绝大部分温度是5 777 K（K是热力学温度，摄氏度数值加上273.15就是相应的热力学温度），其中一些部分温度会低很多，大概是4 500 K，这些区域就是太阳黑子，看起来呈黑色。

太阳黑子具有强大的磁场，会动态变化，有的时候多，有的时候少。太阳黑子多的时候，会带来强大的地磁和电离层干扰，影响我们的导航定位和无线电通信，最强的时候甚至无法通信。在太阳黑子活动的高峰期，太阳发出的大量高能粒子更是会直接影响我们的生命，可以使病毒改变基因产生更大危害，甚至影响到农作物的收成。

色球层的温度比光球层的温度高很多，但是很稀薄，所以色球层很难被肉眼看到，只有在日食的时候能看到它的轮廓。色球层是一个充满磁场的等离子体层，这里的磁场积累到一定程度之后，就会爆发出来，形成太阳耀斑并可能引起日冕物质抛射。发生太阳耀斑的区域会突然变亮，释放大规模的能量，发射各种电磁辐射。其中，太阳耀斑产生的大量紫外线会在地球大气电离出更多原子氧，让卫星、空间站受到更大的腐蚀，也会对无线通信造成影响。日冕物质抛射表现为太阳向外抛射巨大的气体扇。太阳耀斑和日冕物质抛射都是典型的太阳爆发活动。

太阳的最外层就是日冕层，虽远离太阳中心，但这里温度极高。日冕层在日全食时或用日冕仪才能观测到。日冕物质抛射就是日冕层磁场平衡遭到破坏的产物。日冕物质抛射时所喷射的粒子是重要的太阳风源。太阳风是什么？太阳风是日冕因高温膨胀而不断抛射到行星际空间的等离子体流，由电子、质子和较重的离子组成。当太阳风在地球附近"吹"过时，一些带电粒子会被地球磁场捕获，形成范艾伦辐射带，范艾伦辐射带存在大量的带电粒子，卫星等航天器在这个区域工作就很容易损坏。这些粒子也会偶尔进入大气层形成我们看得到的美丽极光。

这些也都是人类在现有科学体系和有限观测手段下，花了几百年才建立起来的初步认识，还有很多太阳的秘密都是我们不清楚的，可以说太阳是我们最熟悉的星球，也是最陌生的星球。因此我们需要更深入地去了解它，这就需要我们离它更近。

我们的**"羲和号"**和夸父计划就分别在近地轨道和离地球更远的轨道上观测太阳上发生的活动与现象。人类的空间探测器还可以利用**"引力弹弓"**飞到离太阳更近的地方，近距离地

效法羲和驭天马，志在长空牧群星

　　"羲和号"是我国首颗太阳探测科学技术试验卫星，于2021年10月14日在太原卫星发射中心成功发射。羲和为中国上古神话中的太阳女神与制定时历的女神，并以太阳母亲的形象为人们所认知。"羲和号"名称取义"效法羲和驭天马，志在长空牧群星"，象征中国对太阳探索的缘起与拓展。

太空中的免费动力——引力弹弓

引力弹弓就是利用行星的重力场来给空间探测器加速，将它甩向下一个目标，也就是把行星当作"引力助推器"。

去观测太阳。但是这样的空间探测器需要有更好的耐高温能力，才能在离太阳很近的地方正常工作。

对太阳的认识不断加深也是我们探测太阳系的一个基本工作，希望我们国家能造出更多更精密的先进探测器去探测我们的能量之源，去揭开太阳更多的秘密，希望未来这里也有正在读书的你的一份力。

下面让我们来看一看太阳系中的主要成员吧。

太阳　水星　金星　地球　火星　木星　土星　天王星　海王

很少被光顾的水星

如果有机会去到水星，我们会发现水星上的太阳看上去非常大，也会发现水星上的气温简直是冰火两重天。

水星是我们这个太阳系里最小的一个行星，也就比地球的卫星——月亮稍微大一点吧。同时，水星又是太阳系里离太阳最近的行星，所以水星的赤道在最热的时候温度可以达到四五百摄氏度。我国古代称水星为辰星，到了西汉时期，司马迁从地球上实际观测它时发现辰星是灰色的，便与"五行"学说联系在一起，以黑色配水星，因此正式把它命名为水星。

水星的公转速度非常快，以地球日为单位，88天就会绕太阳一圈，所以水星上的一年只有88天，还没有地球上的一个季度长。虽然"水星年"时间短，但"水星日"却很长。虽然水星的自转周期约为

一年没四季，
度日还如年啊！

水星

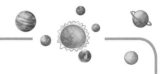

58.6个地球日，但水星自转三周才是一昼夜，即水星一昼夜需要176个地球日这么久，其中白昼88天，黑夜88天。在水星上，真的是度日如年啊！

水星上几乎是没有四季的。我们在地球上能感受到春、夏、秋、冬四个季节，是因为地球有一个倾斜的自转轴。但是水星的自转轴几乎不怎么倾斜，这就意味着水星上几乎是没有四季的。同时，由于水星离太阳太近了，自己又太小了，在太阳炙热的烘烤下，几乎留不住气体，因此水星上的大气特别稀薄。没有大气，又没有四季，这使得水星表面热的地方可以熔化金属，冷的地方常年冰封。

水星是孤独的，没有卫星。因为它太小了，没有足够的引力来留住一颗卫星。它自己甚至没有很多行星的卫星大。

就算人类这么热衷于宇宙探索，水星仍旧是一颗很少被光顾的行星，主要有两个原因。

一个原因是它怎么看都不像是一颗宜居的星球，虽然水星也是一颗类地行星，有着和地球、火星类似的整体结构，但是它离太阳实在是太近了，同时它又太小了，因此人们过去认为这样一颗大气非常稀薄、日夜温差巨大、看起来也不会存在水的星球和大热门火星比起来，怎么看都不像一颗可能会宜居的星球。因此人们一开始并没有去探索它的动力。

另外一个原因就是探测器飞往水星是非常困难的，虽然水星离地球还是比较近的，但是飞过去却很难。为什么呢？因为它离太阳实在太近了，太阳和水星就像是两块离得比较近的大、小磁铁，由于太阳的吸引力更大，所以探测器在飞向水星时，更容易掉进被太阳给吸引走的"陷阱"。在太阳和水星双方拉力对比悬殊的情况下，探测器还想要在水星轨道留下来并围绕水星旋转就更难了，就像我前面讲的射击炮弹一样，如果探测器的速度在太阳引力的作用下变得过快，它就会摆脱水星的引力而"离家出走"。偏偏水星自己的引力非常小，不能帮助探测器"踩刹车"，探测器只能自己踩。但是这些深空探测器很难携带非常多的燃料，它们只能慢慢调整，因此探测器飞向火星并进入火星轨道也就需要几个月，但飞向水星并进入水星轨道却需要几年的时间。

历史上只有"水手号"探测器和"信使号"探测器到访过水

星，所以这个没有卫星的行星真的很孤独。"水手号"没有停留只是多次飞越水星，但是很可惜，它只能看到水星的一面，即使如此它也帮助人们建立了对水星的初步认识。后来，"信使号"探测器环绕水星，获得了水星的全面影像。

水星的地貌

水星表面和月球的表面非常像，由于水星表面被无数流星撞击，它的表面布满了环形山。水星的表面也有平原、盆地、裂谷、山脊等地形，犹如克隆的月球一样。

水星的地貌和月球很相似，表面千疮百孔，到处都是陨石坑。而且，水星上可能真的有水！2014年，"信使号"探测器通过影像几乎确定了水星并不是空有虚名，它真的有水，这些水存在于水星的南北极，这是非常冷的地方，有大量的冰川。

现在还有"贝皮可伦坡号"也正飞往水星，它于2018年10月发射升空，预计用7年的时间飞到水星并围绕它开展更详细的调查。

随着不断有航天器来到这个星球，这个不太起眼的小小星球开始引发了人类更多的兴趣，也许它并非和我们之前想的那样不适宜居住。毕竟它有不少的水，而且位置固定。同时，它又有非常热的地方，可以近距离地通过太阳获得大量的能源。还有一点，水星的表面是坑洼不平的，我们可以在冷热交界的地方建立我们的基地，从水星的两极获取水源，从低纬度获得无穷的能源，再捕获收集那些稀薄的气体存储起来，也许水星会是一个更好的基地吧。

让我们展开想象，并加快我们的技术发展去认识水星，开发水星吧！

地球的"姊妹星"：金星

你留意过吗？在清晨天色尚未大亮的上学路上，抬头经常能看见一颗非常明亮的星星，它像钻石一样散发着耀眼的光芒，它就是金星。

金星的名字反映出了它明亮的特点，它在夜空中的亮度只比月亮低，光色非常白。古代民间称金星为太白，传说李白的母亲梦见金星落入怀中，因此给他取名**李白**，字**太白**。金星还有别的名字，例如破晓时分出现在东方时就叫"启明星"，取意"光明即将出现"；而出现于夜晚的西方时就叫"长庚星"，取意"长夜即将来临"。到了西汉，司马迁依据"五行"学说，正式

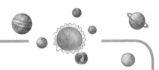

"白之生，母梦长庚星，因以命之。"

　　这句话是《新唐书·李白传》中的一句原文，意思是：李白出生的时候，他母亲梦见太白星，因此给他取字叫太白。

给了它"金星"这个名字。这些名字都体现了它的亮度很高这个突出的特点。

金星由于异常明亮，在人类的历史中一直被人们所熟知。在深空探测的历史上，金星也是最早被探测的行星之一。1961年2月，由"闪电号"运载火箭发射的"金星1号"探测器拉开了金星探索的序幕，结果探测器在飞往金星的途中失联，任务失败。1962年8月，"水手2号"探测器发射成功，该探测器成功地掠过金星从而成为人类第一个成功接近除地球以外其他行星的空间探测器。1970年12月，"金星7号"探测器在金星实现软着陆，传回金星表面温度等数据，它是人类第一个软着陆金星的探测器。此后，大量的飞行器开展了飞掠、环绕、着陆探测。下面，就让我们来认识认识这颗明亮的星星吧。

金星位于太阳系宜居带，是太阳系里离地球最近的一颗行星，内部结构和大小都和我们生活的地球非常接近，所以金星常常被称为地球的"姊妹星"。

金星虽然和地球很像，但也有不少地方差别巨大。

金星是一个一天比一年要长的行星。金星自转非常缓慢，金星自转一圈也就是金星的一天，等同于地球上的243天。但是，金星围绕太阳公转的速度又很快，公转一圈也就是金星的一年，等同于地球上的225天。

在金星上，太阳可是"打西边升起"的哦！这是因为金星自转的方向和地球是相反的，地球是自西向东自转，而金星则是自东向西自转。

金星上的环境极其恶劣，被高温高压毒气封闭，堪称"地狱之星"。金星被浓厚、稠密的大气层包裹着，大气层中主要是二氧化碳，含量高达96%。大家都知道，二氧化碳是温室气体，因此金星上的温室效应特别严重。所以，虽然金星离太阳比水星更远，但金星的温度特别高，可以高达四五百摄氏度，而且会维持高温，昼夜温差也很小。金星浓厚的云层有着非常高的反射率，会反射绝大多数的太阳光，这也是金星能如此明亮的主要原因。

金星还是一个"火山星球"，表面被高低起伏、成千上万座火山覆盖，它们"吐"着二氧化碳、二氧化硫等气体。所以，金星的空气充满毒性，而且会下硫酸雨。不同于地球上白色温婉的云层，金星上的云层是淡黄色的，里面充满了硫化物和硫酸，具有很强的毒性和腐蚀性。虽然人类的探测器也发现过可能的生命迹象，但金星整体来看很难是一个适宜生存的星球。

金星之所以能成为早期行星探索的热点，可能是因为金星离地球最近，又和地球在很多方面非常相似。同时，碰巧赶上了太空竞赛，金星探索也可以说是一个分战场，美苏两国也各自发力，不断发挥自己的优势，要么软着陆金星表面，要么利用雷达

技术绘制金星地貌等，使得人类对金星的认识越来越深。

但是，由于金星活动非常复杂，又在和地球非常相似的条件下演化出了差别巨大的形态，所以还是有非常高的研究价值。金星上很多关于有机物、生命可能存在过的零星迹象也让人们再次掀起对它的好奇。所以说，金星上值得深入了解的现象还有很多。

太阳系探测轨道

"怎么去到太阳系内地球以外的行星呢？"

大家都会想到这个问题，这也是人类探索太阳系需要首要解决的问题。我们知道，把卫星发射到环绕地球的近地轨道其实已经很不容易了，离开地球去探索其他行星就更加困难了。

有多困难呢？

首先，我们要知道太阳系探测轨道是什么样的。我们知道，太阳系里的行星都分别以自己不同的公转速度在围绕着太阳运动。所以，我们到达除地球以外的其他行星的路径和距离实际上并不是固定的。

想象一下，假如你坐在一辆飞驰的列车上，路旁有人踢飞了一个足球，足球恰好从你的头顶飞过，而你要用手里的石块去击中这个足球。

"这有什么难的，把石头朝着足球扔过去不就行了"，你是不是这样想的？

要知道，你扔出石块的时候要考虑列车行驶的速度和方向，还有足球飞行的速度和方向，以"动"击"动"，这就很难了。还有一点，虽然你可以选择在足球落地之前的任意一个位置打到它，但是在不同的位置打到它需要你使出不同大小的力气，如何选择一个最省力的方法来打到足球就更难了。

如果把列车比作我们的地球，那个被踢飞的足球比作我们要去探测的行星，手中要去击打足球的石块比作我们的深空探测器，那么，石块击中足球的路线就是太阳系探测轨道。由于现实工程的难度，我们总是想要选择一条最省力、最省燃料的路径前往我们的目的行星。

实际上，太阳系探测轨道要比你想象中的复杂得多。探测器离开地球之后，会受到很多天体的引力作用，其中主要受到的就是太阳对它的引力作用。

以探测火星为例，在初始速度和太阳引力的作用下，深空探测器会画出一个椭圆形的轨迹。那么，如果把起始点——发射时地球的位置放在近日点（这个椭圆里离太阳最近的地方），把和火星相遇的地方放在远日点（这个椭圆里离太阳最远的地方），那么花费的燃料是最少的。这种类型的轨道被称为霍曼转移轨道。

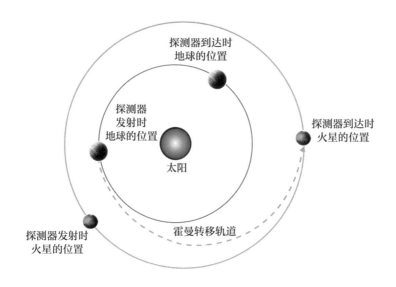

探测器到达时
地球的位置

探测器
发射时
地球的位置

太阳

探测器到达时
火星的位置

探测器发射时
火星的位置

霍曼转移轨道

　　像去火星似的，我们把出发点放在近日点，把到达点放在远日点的这种转移方式适合应用于地外行星——也就是太阳系内轨道在地球轨道外的行星——的探测。如果我们要探测地内行星，也就是太阳系内轨道在地球轨道之内的行星，就需要换一换了，即把出发点放在远日点，把目的地放在近日点。

　　其次，我们要找到可以发射探测器的最佳时间段，即**发射窗口**。简单地讲，探测器何时发射才能保证与行星相遇。由于行星都各自按照自己公转的速度在运行，互相之间的关系是在有规律地变化着，所以探测器要进行行星探测，就不是随时随地都可以出门上路的，而是应在一些特定的时间点才能出发，以保证在准确的地方与行星相遇。例如，去往火星的机会大约要26个月也就是两年多才出现1次，而去往金星的机会要大概19个月出现1次。这些短暂的、有利于探测器发射的时间段被称为"探火窗口"/"探金窗口"。

简单的霍曼转移轨道比较适合离地球很近的行星，在更远的行星探测过程中，我们还需要考虑到探测器在飞行过程中受到的其他行星的引力的影响，有的时候更要刻意地去利用其他行星的引力来进行加速或者减速。

当我们的探测器离一个行星很近的话，探测器就会被行星的引力影响进而改变轨迹。如果探测器逆

如何确定发射窗口？

以目前开展最多的火星探测为例，文中我们讲到，探测器要从地球上去往火星，必须通过一条叫作"霍曼转移轨道"的椭圆形轨道飞行。航天器发射升空后，先在地球附近加速，进入霍曼转移轨道，再在火星附近减速，被火星捕获。深空探测器通过霍曼转移轨道从地球到火星轨道的飞行时间是固定不变的，因此航天器发射时，火星和地球的相对位置必须使航天器到达转移轨道的远日点时，火星刚好在那里"等待"航天器的到来。这样的发射时机就叫作发射窗口。

着行星的公转方向进入行星引力范围，出去的时候与行星的公转方向保持一致，那么，我们就"借"到了这个行星的公转速度，从而实现一个加速。相反地，如果探测器以这颗行星相同的公转方向进入它的引力范围，而以它相反的公转方向离开它的引力范围，就实现了减速。这种方法被称为引力弹弓效应，在更远更深

的行星探索轨迹中都有大量使用。

以上就是科学家确定探测器从地球飞往行星的主要飞行轨迹的科学原理，但是探测器以这样的方式到达目的行星后，如果想要停下来环绕目的行星开展持续探测，或者开展登陆就需要进行减速，这同样需要消耗不少的燃料。这也是前面说到的探索水星的困难之处，尤其是需要进入环绕水星的轨道，需要探测器携带更多燃料。

从中我们可以看到精确的轨道计算对于深空探索是多么重要。人类又是多么聪明，想出了这么多巧妙的办法。

千万里一线牵：深空通信

你有没有离开父母，跟着旅行团或者参加夏令营去远方旅行过呢？旅途中的景色虽然非常美，但是越是离家千里，越是想给亲人、朋友打个电话。一来，可以和他们一起分享美丽的景色；二来，离家越远，是不是越想念自己的亲人？如果有一天，你去了太空出差，你在茫茫宇宙里看着地球这个蔚蓝的大星球，是不是也特别想给地球上的人们"打个电话"，把自己收集到的重要数据和信息传回去，也让地球上的亲人领略一下太空的景色？

我们国家已经通过"嫦娥工程"完成了对月球的探测，通过"天问一号"完成首次探访火星，这些任务得以顺利展开，让我们从自己拍摄的图像中看到遥远的星球，让我们监视飞行器在每个关键点是否正常工作，都离不开深空通信网络对于任务的支持。

深空通信是指地面与太空中的飞行器之间的通信，简单地讲，就是让太空中的飞行器能和地球上的人们互通电话。

深空探测器除了极少数是需要携带采集的样本返回地球的飞行器外，绝大多数都属于探测型的飞行器，它们往往都是有去无回的。但是这些深空探测器所获取的宝贵探测资料需要从遥远的深空传输回来。

深空通信难不难？非常难！

第一个难点就是深，也就是传输距离特别远。例如火星到地球的距离近的时候有5 000多万千米，远的时候有4亿千米，所以要把图像和信息从那么远的地方传回来就要解决"远"的问题。

遥远的传输距离带来了巨大的信号损耗，这就好像拿了一个手电筒从几百层的高楼照地面一样，到达地面的光线已经弱得微乎其微了；或者看作是家里的路由器向外发射Wi-Fi信号，一般的路由器我们只要一下楼就收不到家里的Wi-Fi信号了。

该如何解决"远"这个问题呢？

首先是使用更大的天线。在深空探测器可以承载的天线大小有限范围内，深空探测器飞得越远，需要的天线就越大。因此我们看到的地面深空通信天线都特别大，例如我国佳木斯的66米深空天线和喀什35米深空天线。

还有一个办法就是中继，例如我国探月工程嫦娥四号任务中的鹊桥中继卫星，将我们月球探测器的信号放大后再转发回地球，并且在探测器处于月球背面时也可让地面和探测器保持连接。未来，随着越来越多的深空探测任务开展，我们会逐步建设出每个星球的局域网和连接整个太阳系的深空网。

第二个难点就是持续。因为地球的自转，在某些时间，地面和探测器的通信是会受影响的。所以一个深空探测站是解决不了问题的，起码需要3个深空探测站在地球上均匀分布才能保持对太空不间断的通信。因此，深空通信一定需要一个全球的网络。

我国的深空通信网就首先利用了我国国土面积跨越区间大的优势，修建了分处东西的佳木斯深空站和喀什深空站，并在南美洲的阿根廷也建设了深空站。在"天问一号"的任务中，就是位于阿根廷的这个深空站首先完成了探测器的捕获，三个深空站协同工作，保障了任务的顺利进行。

第三个难点是深空探测中的高精度导航。我们在地面可以通过北斗卫星导航系统轻松实现通信、导航等，但处在深空中的探测器是无法使用北斗卫星导航系统的。深空探测器的轨道机动、天体观测等任务对于探测器的测量要求又很高，这个问题该怎么解决呢？

地面会通过采用距离较远的两个地面站来接收深空探测器的信号来进行精确的角度测量，**甚长基线干涉测量技术**可以通过几个小望远镜的联合统一，达到一架大望远镜的观测效果，测角精度也更高。但是要完成这样精度的测量，深空站也就需要

什么是甚长基线干涉测量技术？

甚长基线干涉测量技术是一种用于射电天文学中的天文干涉测量方法。它允许用多个天文望远镜同时观测一个天体，模拟一个大小相当于望远镜之间最大间隔距离的巨型望远镜的观测效果。

配备非常高精度、高稳定度的时空基准设备，如铯原子钟等，来保障时间的高度一致。所以，随着我们制造的原子钟时间精度越来越高，甚长基线干涉的测量精度也在不断提升。

前面介绍的都是采用射频通信进行通信的深空网现状，但是射频通信在深空探测中的局限性越来越明显。一方面，在地面维持越来越大、越来越多的天线系统要付出高昂的修建和维护成本；另一方面，系统的通信能力并没有质的提升。所以，不少国家和组织都在积极地开展新技术的研究。

"打个电话"，平时在我们日常生活中是非常容易的一件事情，搬到太空中就有这么多问题和科学难关需要攻克。

但是你想想，在浩渺无垠的太空，我们的探测器可以时刻和地面保持联系，让我们知道太空的状况，也让我们对执行任务的它们放心，作为它们的"家人"我们也要更加努力，解决技术上的难题，让我们的探测器飞得安全、飞得放心！

高难度的空间采矿：探测小行星

太阳系里除了几大行星外，还有一些比行星小得多的天体，这些天体除了彗星和流星外就是小行星了。小行星一般是由岩石、金属等组成的，没有空气。

小行星也同样环绕着太阳运行。它们的数量庞大，已经发现的小行星数量超过70万，科学家预计数量上百万。小行星的大小差距很大，已知的最大的小行星之一——灶神星直径约为550千米，已知的最小的小行星直径大概只有10米。所有的小行星加在一起质量也没有超过我们的月球。

太阳系里的小行星中，有超过90％的小行星分布在火星和木星之间的小行星带里。这个区域其实是非常宽阔的，大概在2个到4个天文单位之间（1个天文单位等于太阳到地球之间的平均距离）。科学家分析，由于在太阳系的早期，这里形成了太阳系中最大的行星——木星，木星的引力作用使得这个区域里的天体相互碰撞分解，因此这个区域没有再形成新的行星，而是变成了大规模的小型天体的分布区域。

另外，还有一类小行星叫作特洛伊小行星，这类小行星和一些大的行星共享轨道，不知道"特洛伊"这个名字是不是有"偷偷溜进轨道来"这个意思。如果它们共享轨道的话，是不是很容易相撞呢？放心！这些小行星是不会和大行星碰撞的，因为来自太阳和行星的引力在它们身上取得了平衡，它们分

什么是拉格朗日点？

简单地讲，拉格朗日点就是在大型天体之间那些引力平衡的，能让小天体做稳定圆周运动，且相对大型天体静止不动的点。在三个天体的系统中，引力达到平衡的拉格朗日点有5个，简称为L_1~L_5。

布在这些行星的**拉格朗日点**L_4或者L_5上。木星的轨道上有特洛伊小行星，火星和海王星的轨道上也发现了特洛伊小行星。2011年，地球的轨道上也发现了特洛伊小行星。随着了解不断深入，人们发现特洛伊小行星的数量巨大。

还有一类是我们人类更加关心的小行星，它们被称为近地小行星。这些小行星的特点就是它们的轨道离地球非常近，甚至会和地球相撞。现在得到公认的恐龙的灭绝，就是小行星撞击地球造成的。因此，人们对于该类小行星的研究非常多，行星防御也是当前的研究热点。

上面是从位置分布对小行星进行了分类，还有一种分类依据

就是小行星的物质构成。根据物质构成不同，小行星可以分为C型小行星、S型小行星、M型小行星。

表面含碳，由黏土和硅酸盐岩石组成，外观呈黑色的小行星被称为C型小行星。由硅酸盐物质和镍铁组成的，更亮一些的小行星被称为S型小行星。M型小行星可能是过去较大小行星的金属核，构成可能与镍-铁陨石类似。

以上就是太阳系内小行星的概况，我们人类会对哪些小行星更感兴趣呢？

那肯定是与地球和人类有"利害"关系的小行星啦！

有"利"的小行星就是那些富含贵重金属的小行星，人类可以到这些小行星上去采矿，从而获得地球上稀有或者根本就没有的贵重金属。例如"隼鸟号"小行星探测器就完成了对小行星的采样并成功返回地球，完成了行星"采矿"的基础能力验证。

有"害"的小行星就是那些可能会对地球造成危害的小行星。"贝努"就是这样一颗小行星，它会周期性地靠近地球，甚至很有可能在下个世纪直接击中地球。所以，人类发射了"奥西里斯-雷克斯号"探测器前往"侦察"贝努，以积累探测数据用于未来的安全防范。

当然，人类对于未知更感兴趣，人类都是未知世界的好奇者、爱好者。所以，无论是"采矿"，还是"侦察"，人类迄今为止实施的小行星探测任务更多地是为了揭开小行星的历史，或者以小行星为突破口，揭开太阳系的起源，以及宇宙中所有未知物质诞生或者存在的痕迹这些问题。因为从天文学上来讲，小行星大多诞生于太阳系形成的早期，所以通过对小行星的探索，我们就可以深入了解太阳系早期的信息，对太阳系的形成有更深入的认识。

在我看来，人类对于小行星更有价值的"开采"就是对宇宙认知这个"富矿"的开采吧。

壮观的风暴和火山：木星

从火星穿过小行星带，我们就来到了**木星**的轨道。木星是太阳系最大的一颗行星，它到底有多大呢？

它的体积非常大，木星的体积可以容纳超过1 000个地球。如果把地球和木星放在一起比较的话，大概就是地球比乒乓球小一点，木星比篮球大一点。木星的质量也很大，大概是地球的300多倍。木星的质量实在太大了，比其他所有行星的质量加在一起还大了2倍多。

木星是一颗气态巨行星，密度很低，大气和液体占据了较大的比例。木星有着巨大的大气层，应该是太阳系里最大的。据推

古人眼中的木星

木星，在中国古代又被称为"岁星"。它在夜晚非常明亮，当太阳的位置很低时，甚至能在白天看到，因此自古以来就为人所知。

断，大气层的厚度超过5 000千米，而且与其液体部分的边界是不明确的。木星上那些或深或浅的条纹带，其实就是快速移动的云彩。木星的大气层十分活跃，不断地形成着巨大的风暴。木星的标志大红斑就是一个从被发现至今维持了数百年的巨大风暴，由于气流中含有大量的红磷，所以大红斑的颜色有时鲜红，有时略带棕色或淡玫瑰色。大红斑的体积惊人，尺寸达到数万千米，可以容纳两个地球。

木星是太阳系中自转最快的行星，不到10小时就可以自转一周。

木星巨大的质量使其产生了巨大的引力，因此木星对太阳系的影响也是巨大的。在电影《流浪地球》里，流浪的地球就因为木星的引力，差点撞向它。上一节我们介绍的小行星带，就是在木星的引力下形成的，木星的引力使得这些小行星不断碰撞分解，无法形成一颗新的行星。同时，它巨大的引力也在不断地吸引着太阳系中的其他天体，所以经常遭到各种天体的撞击。

有不少人认为，正是由于木星的存在吸引了很多的小行星、彗星等小天体，让很多本来存在撞向地球可能性的威胁得到化解。但是也有人持不一样的看法，有人分析，木星吸引走的小天体只是少数，但是它却是一个巨大的引力弹弓，不断加速地甩出更多速度更高的天体，使地球的处境更加危险。我相信，随着我们对太阳系的认识不断深入，对木星和小天体的认识加深，我们将建立更加准确的模型来确定木星到底是一个"好朋友"还是一个"麻烦制造者"。

由于巨大的引力，木星也拥有数量庞大的卫星群，目前已知的卫星数量达到92颗。其中有很多卫星的体积和质量巨大，如木卫三的直径比水星还大。木卫二的冰层下有非常深的海洋，非常有可能存在生命的迹象。

在人类太空探索步步深入的过程中，越来越多的探测器被派往这颗被伽利略用首个人类望远镜发现的行星。"旅行者1号"和"旅行者2号"探测器在来到木星之后，都对木星及其卫星完成了飞越探测。之后，"伽利略号"木星探测器成为第一个专门探测木星的探测器。在勤勤恳恳地工作了8年之后，为了防止它失效后撞上可能存在生命的木卫二，科学家选择让它在寿命的最后时刻飞向了木星，在那里坠毁并完成它的使命。之后来到木星的还有"朱诺号"探测器，它正用更先进的探测设备，一点点地挖掘木星更多的秘密……

自带美丽的光环：土星

土星毫无疑问是所有行星中最为特殊的一个，因为它巨大而美丽的土星环，它在所有行星中的辨识度是最高的。土星也是所有肉眼可见的行星里离我们最远的一个。我们只要用一个很普通的望远镜就可以看到它的美丽光环。

土星环非常大，由围绕着土星旋转的非常微小的冰块、尘土和岩石组成，从里向外层层分布，明暗相间，再配上低调的土色，将壮观、灵动、秩序、优雅、静谧完美地融为一体，异常美丽。即便是在广袤浩瀚的宇宙中，如此秩序、如此平衡的美丽也

古人眼中的土星

　　古人称土星为"镇星"，古人以为土星每二十八年绕天一周，好像每年坐镇二十八宿中的一宿，故名"镇星"。由于土星运行缓慢得像老人，西方人用罗马神话中老迈的农神萨图恩来代表它。

是很罕见的，让人有不真实的感觉，也让我们有一种深深的幸运，我们生活的太阳系里有这么一颗独特美丽星球。

土星同木星一样，也是一颗气态行星，在它内部应该同样有一个金属的内核，有待我们去探索。尽管土星的质量大约是地球的95倍，但由于土星非常非常大，它是太阳系内的第二大行星，所以土星的密度很低。如果太空中有一片足够大的海洋，土星可以轻松浮起来！

土星是个日短年长的地方。土星的自转速度很快，自转一周大概需要地球上的10.7小时，因此土星上的一天还不到地球上的半天。但是土星上的一年却很长很长，大概是因为它离太阳实在太远了，它要花费大概地球上29年这么长的时间才能环绕太阳一圈完成公转。

土星也是太阳系里卫星最多的一颗行星，现在确认的就有82颗卫星，还有29颗有待确认。在土星的众多卫星中，土卫六是太阳系第二大卫星，比水星还要大。设想一下，从土星往天上看一定很壮观，不但有巨大的绝美的土星环，还有几十上百个"月亮"。这里就像一个小的太阳系一样，以土星为中心环绕着大量天体。

土星上的六边形风暴

土星北极点的上方存在一个令人着迷的奇特景象——六边形风暴。天文学家认为，六边形风暴的循环能基本准确地反映出土星一天的时长。

土星好看的外表下却有着十分恶劣的环境。它的表面大部分是由旋涡状的气体和液体组成。通过探测，天文学家发现土星上有一个极地旋涡，它也被称为**六边形风暴**。这个旋涡是土星上温度最高的点，达到了-122 ℃，而土星上其他地方的平均温度是-185 ℃。

虽然土星本身的环境十分恶劣，但是土星的很多卫星的条件却很有可能存在生命的痕迹。例如，土卫二被一些科学家认为存在海洋，很有可能具有生命所需的条件。

虽然土星如此美丽，但是到访过土星的探测器却非常少，大概是因为它离地球实在是太远了。在探索土星的探测器中，最著名的要数传奇的"卡西尼号"探测器了。"卡西尼号"是一个功能强大的深空探测器，它使人类对土星有了非常深刻的认识。"卡西尼号"探测器配置了非常先进的仪器，包括最后拍下数百万幅土星美丽影像的相机，以及红外光谱仪、紫外光谱仪等测量仪器，实现对土星物质的探测；同时，它尾部的盘状天线的口径达到了4米左右，不但可以从太阳系深处将这些美丽的照片和重要的数据传输回来，还可以利用这个天线对土星、土星环和土星的卫星进行雷达探测。总之，"卡西尼号"弥补了土星探测器少的遗憾，完成了对土星更加深入的了解。

"卡西尼号"探测器非常大，直径达到3米，高达到7米，大小和一辆公交车差不多，重量达到了6吨多。在飞往土星的漫漫征途中，"卡西尼号"还带了一个小弟弟——"惠更斯号"探测器，用来着陆在土卫六上，探索土卫六的生命痕迹。

如何将"卡西尼号"探测器送往土星呢？这么大、这么重的一颗探测器如果要直接飞往土星，那么自身所需要的燃料需要六七十吨。这完全超出了人类的工程能力极限，人类目前是无法做到的。因此，"卡西尼号"利用了引力弹弓进行多次加速，从而在燃料开销非常小的情况下飞到了土星。它在金星借力了两次，在地球借力了一次，又在木星完成了最后一次引力弹弓，最后飞向了土星，虽然道路遥远但是非常节省燃料。

"卡西尼号"探测器另外一个特点就是寿命超长，它在路上飞了7年，在土星轨道工作了13年，如此长时间的正常工作，为人类积累了大量的对于这颗行星的认识。最后由于燃料耗尽，加之"卡西尼号"携带的是核电池，为了不对可能存在生命的几颗土星卫星造成影响，最终"卡西尼号"利用最后的燃料完成变轨，坠毁到土星里，完成了最终使命。

边缘的星球：天王星、海王星、冥王星

在土星的外面还有两颗离地球很远的行星天王星和海王星，还有一颗曾经被错认为是行星的矮行星冥王星。其实土星离地球已经非常遥远了，这些星球更是已经到了太阳系的边缘，因此这里只有非常微弱的太阳光照，是巨大的陌生而寒冷的区域。

天王星和海王星都属于冰态巨行星，简称冰巨星。

首先，它们体积巨大。天王星的体积大概是地球的64倍。如果说海王星如一个篮球大小，那么地球在它面前就是一个苹果那么大。其次，天王星、海王星都是太阳系里比较冷的行星，温度低于-200 ℃，组成它们的主要都是一些"冰"形态的物质，如水、甲烷等。

冥王星是一颗矮行星，矮行星是指大小在行星和小行星之间的星球。冥王星曾经被当作行星也是有一定技术原因的，由于观测距离十分遥远，人们之前对冥王星的质量是估算出来的，存在比较大的误差。人们一开始估计冥王星的质量和地球差不多大小，经过后来的修正，对冥王星的质量减小到火星大小。随着观测技术的发展，冥王星的质量不断地被修正得越来越小。最后，人们发现冥王星的质量不过是我们月球的六分之一左右，这样它就和很多小行星差不多大了，如果冥王星也算是行星的话，那么其他"小行星"也有资格叫作行星了，所以人们直接为它新创造了矮行星的门类。冥王星上同样非常寒冷，温度也低于-200 ℃。

这几颗星球的形状和运行也非常有特点。

天王星是一颗蓝绿色的星球，外部环绕着淡灰色的环，看起来像是躺着自转的。天王星大约17小时转一圈，由于它躺着转，这里的日夜交替非常奇怪。在一段时间内，只有赤道快速昼夜变化，其他两边要么一直是夜晚，要么一直是白天。每一极都有长达42年的极昼和极夜。天王星上的一年大约长达地球上的84年。

海王星看起来比天王星还要蓝，也因如大海一般蓝的颜色而拥有现在的名字。海王星自转一圈大约需要16小时，而公转一圈大约需要地球上的165年。

矮行星冥王星无论自转还是公转都很慢，它自转一圈大约等于地球上的6天，公转一圈大约等于地球上的248年。

第七章

逐梦浩瀚未知的深空

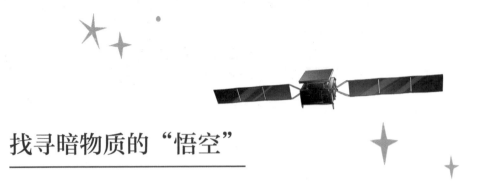

找寻暗物质的"悟空"

有一颗以齐天大圣"悟空"命名的卫星在2015年12月17日发射入轨，这颗卫星进入太空的任务是寻找宇宙中暗物质存在的证据。从"悟空"这个大大的名头不难看出，人们希望它可以像美猴王一样拥有一双火眼金睛，看到宇宙中那种没有被证明的神秘物质——暗物质。在介绍这颗卫星之前，需要先和大家聊一聊什么是暗物质，然后大家才能明白为什么需要发射这样的一颗卫星去寻找暗物质。

暗物质，可以理解为看不到的物质。也就是说，我们不能用电磁波的手段来观测它。那么，如果我们不能看到它，又是怎么知道它的存在呢？这是由于我们在进行天文观测的时候，发现宇宙中出现了一些比较有意思的现象。例如在观测星系团的时候，我们使用万有引力公式在计算一个星系相对其他星系中心运动规律的时候，发现计算结果和实际观测到的现象是不一致的。例如高速旋转的星系，理论上，其外侧的星系按照观测到的质量来计算的话，是无法将它们吸引住的，应该会被甩开，离开星系团；但是，人们实际观测到的现象却是外侧的星系也在围绕星系团中心稳定运行，所以说宇宙中一定存在某种没有被观测到的物质在对这些星系产生巨大的引力。加上很多诸如宇宙辐射背景、辐射各向异性等现象被发现，如果将暗物质这个假设加入到计算中来，就会发现这些问题都得到了解释。尽管如此，到目前我们依然缺乏证明暗物质存在的证据。

根据现在的理论，暗物质有着一些特性。第一，虽然我们看不见它，但是它却是有质量的，也就是它会产生引力的作用，这也是天文学家观测到的现象与之吻合的地方。第二，暗物质是没有电磁相互作用的，有的话，就会被光学或者射电望远镜直接观测到。暗物质在湮灭的时候，会产生常规的基本粒子，也就是我们说的高能电子、伽马射线等。

"悟空"号暗物质粒子探测卫星通过探测空间中的高能电子和伽马射线来发现暗物质存在的证据。要找到宇宙中的暗物质，"悟空"号要有"火眼金睛"，所以"悟空"号配置了塑闪阵列探测器（PSD）、硅阵列探测器（STK）、电磁量能器（BGO）、中子探测器，这些探测器可以测量宇宙射线的组成、方向和能量。科学家将这些测量结果和统计好的天文现象做对比，判断宇宙射线是否为超新星爆炸产生的，如果它们并非超新星爆炸产生的，那么就有可能是暗物质湮灭或者衰变产生的。科学家再通过准确的分析，从而找到暗物质存在的证据。

"悟空"号在进入轨道后，就开始了巡天的工作，也就是对整个宇宙的天区进行巡视，找寻每个方向发射来的宇宙射线。在轨工作的这几年，"悟空"号在太空中收集了大量的数据，获得了开创性的发现及成果，观测结果也得到了地面观测系统的验证。

　　人类对太空的探索和认识是永无止境的，要想揭开宇宙更多的秘密，我们还需要造出更多像"悟空"这样本领高强的卫星，来帮助我们更好地去认识宇宙。

探测宇宙微弱而深沉的脉动——引力波

引力波是一个较为年轻的概念，在爱因斯坦的广义相对论中，引力会引起时空的弯曲，质量足够大的物质就会产生更大的时空弯曲，越靠近物质的边缘弯曲的程度也就越大。这个可以用一个直观的例子来想象，假如我们在沙发上放一个很重的铅球，那么铅球越重，沙发陷下去的坑也就会越大，同时越靠近铅球的地方，

沙发表面凹陷下去的程度也就越严重，这就是物质的引力产生的时空弯曲效应。如果我们拿两个铅球在沙发上环绕旋转，或者让铅球上下跳动，那么，即使我们把手放在离铅球远的沙发位置也能感受到这种震动，这就是引力波的来源。当宇宙中的较大物质相互运动、相互作用，或者发生爆炸等释放巨大能量的时候，引力波就会产生。引力波在传播的过程中也会对经过的时空产生影响。

由于引力波并不会产生电磁波，所以我们的光学望远镜和射电望远镜都没办法观测到。

怎么才能观测到引力波呢？

要想观测到引力波就要观测时空弯曲变化的过程。所以，测量仪器要能测量时空的变化。同时，由于引力波往往来自宇宙中很远的地方，当它来到我们地球附近的时候，引力波的强度已经变得非常微弱，所以我们需要建造一个尺度足够大、精度又特别高的时空测量仪器。在这样的要求之下，科学家经过很长时间的探测，基于**迈克尔逊干涉仪原理**建造出来一个激

迈克尔逊干涉仪原理

迈克尔逊干涉仪是光学干涉仪中常见的一种，原理是一束入射光分为两束后各自被对应的平面镜反射回来，这两束光从而能够发生干涉。干涉中两束光的不同光程可以通过调节干涉臂长度以及改变介质的折射率来实现，从而能够形成不同的干涉图样。

光干涉仪引力波探测器来对引力波进行测量。激光干涉仪的好处就是它的探测臂可以做得很长，可以长达3～4千米。一个探测仪有两个探测臂，在引力波经过探测仪的时候，会产生发丝大小的时空变化，这会被干涉仪给记录下来。

宇宙中的引力波虽然很多，但是都很微弱，再加上各种噪声的影响，我们探测到引力波的次数是非常有限的。要探测更多、更微弱的引力波信号，我们就需要造出拥有更长测量臂的激光干涉仪引力波探测器。可惜的是，在地球上很难造出非常大型的激光干涉仪引力波探测器，而且地球上不安静，干扰太多。所以科学家把目光投向了太空，尝试把激光干涉仪引力波探测器放到太空中去。在太空中，我们就可以把激光干涉仪造得非常大，臂长非常长，多长呢？600万千米够不够？可又如何实现呢？

太空中的激光干涉仪引力波探测器可以通过空间分布式星群，把发射器、反射器放在不同的卫星平台上，把卫星平台部署在相距几百万千米的位置上，通过非常准确的时间同步和相互之间的位置和姿态测量，打造出一个臂长超级长、精度特别高的空间激光干涉仪引力波探测器。我国和美国已经开展了第一步的工作，就是把这些卫星造出来，并放在不那么远的位置上，后面就是要想办法把它们部署到预期的位置上去进行探测了。这样一来，我们就可以探测到非常微弱的引力波，并可以准确地测量并推断它从何而来，强度如何。

虽然引力波探测并不能帮助我们解决衣食住行的问题，离我们的日常生活也特别遥远，但是它是解开宇宙奥秘的一把"金钥匙"，通过它，我们能更深入地了解宇宙的历史，认识宇宙的现在，并预测它的将来。引力波如同认识宇宙的"第六感"，给了我们一个前所未有的视角，一定会让我们眼界大开的！

装上天眼

提到望远镜，就不得不提咱们的"中国天眼"，它的中文全称是500米口径球面射电望远镜，英文缩写为FAST。它是全世界最大口径的球面射电望远镜，由天文学家**南仁东**于1994年提出构想，2016年9月落成启用。它位于贵州省黔南布依族苗族自治州平塘县克度镇大窝凼的喀斯特洼坑，面积大约是30个足球场的大小，十分壮观。

"中国天眼"的工作原理和我们用于接收卫星电视的那个

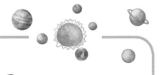

南方有仁东　追寻天星梦
——"天眼之父"南仁东

南仁东（1945—2017）是"中国天眼"的原首席科学家兼总工程师。20多个寒来暑往，8000多个日日夜夜，他用自己生命的近三分之一的时光在世界天文史上镌刻下新的中国高度。南仁东为崇山峻岭间的"中国天眼"燃尽了一生，打开了中国人追问宇宙的"天眼"。

天线有点类似。收音机也有天线，但收音机的天线很小，甚至都不需要一个面，就是一根线。这是因为收音机接收的广播信号是从几十千米外的广播站发射塔发出来的，而卫星电视接收的信号是从3万多千米外的卫星上发出来的，因此需要很大的天线。天线越大，落在天线上的能量也就会越多，也就可以接收更微弱的信号。

　　FAST作为一个射电天文望远镜，它要接收的是来自宇宙深处的信号。所以射电天文望远镜总是希望把天线建造得越大越好。为此，我们国家投入了巨大的人力、物力，在科学家、工程师以及许多能工巧匠的努力下，建造了这个巨型"天眼"。

建造这么巨大的射电望远镜，就是为了给人类安装上一只千里眼，帮助人类看到宇宙深处的微弱变化。500米的口径是保证"中国天眼"灵敏度的基础，只有这么大的口径才能有这么强能力的可能性。而且不但要保证口径大，还要保证望远镜建造得足够精密，这样才能获得准确的测量数据。"中国天眼"大概可以分为两个部分：一个是放射面，是用来收集能量的；另外一个就是馈源，用来接收汇聚的能量并将能量转化为信号。

　　"中国天眼"的反射面非常大，由4 450块反射单元构成。每个反射单元由面板单元、背架单元、调整装置、连接机构等组成，整个设计非常巧妙，通过索网和2 200多个液压促动器，望远镜可以快速地在局部形成一个口径300米的瞬时抛物面。这是什么概念呢？国外的大型射电望远镜，它的眼珠子能看的范围很有限，不能到处看，只能看视线附近很小范围内的天区，因为它的反射面是固定的，所以这种射电望远镜积累数据的速度就比较慢。但是咱们的"天眼"可就很不一样啦，由于可以快速地形成局部300米的瞬时抛物面，再配合上馈源舱通过导索可以移动到相配合的位置，使得我们的天眼可以覆盖40度的天顶角，可以以更快的速度积累观测数据。同时，"中国天眼"还配备了很多用于接收射电信号的接收机，可以根据观测目标的不同来进行使用。

　　"中国天眼"是我们国家的骄傲，有了这样的科学重器，不但让我们自己的天文学家、基础理论科学家有了一个重要的实验装置，让他们大展拳脚，也吸引了来自全世界的科学家。FAST的强大性能也让它在脉冲星、黑洞的探测上取得了骄人的成绩。它的出现使得观测数据爆炸式增长，未来很长一段时间里都将催生很多重要的观测与研究成果。

赤心贯苍穹：航天追梦人

　　"东方红"响彻世界、"神舟"载人登天、"嫦娥"飞天揽月、"天问"探火寻秘，如今我们又完全靠着自己的技术建造了中国空间站，不远的将来我们还将去探索更远的宇宙深空，载人的步伐也将一步一步迈得更远，拉开中国航天的全新篇章。回顾中国航天的发展，从起步晚、底子薄、长期受到技术封锁，到如今能够取得如此令人骄傲的成绩，靠的是全国千千万万的航天人奋力拼搏和无私奉献的精神。

　　航天精神开始于"两弹一星"精神，航天事业发展之初，我们有突破重重阻挠回国的科学家，有大批隐姓埋名的科研工作者，有从战场下来就奔向大戈壁扎根多年的解放军，有心灵手巧的技术工人为了制造出比头发丝还精细的部件而夜以继日地钻研技术，还有很多不同岗位上的航天工作者，他们不为名不为利，舍身忘我、奋力拼搏，他们知道航天是国之重器，是国家强大的标志和重要的基础，所以爱国是航天精神的核心精神，因为爱着我们的伟大祖国，所以国际上越是封锁我们，我们就越要把航天发展起来，让我们傲然立于世界民族之林。

可是现实环境是艰难的，国家工业基础薄弱，缺设备、缺技术、缺资源，老一代的航天人发挥出来了大无畏的创业精神，没有计算机，大家就用算盘来进行复杂的运算；人才不足，各个科研院所的科技工作者不计个人得失，放弃自己的研究领域主攻航天；资源有限，大家就因陋就简，克服困难。不畏困苦、艰苦奋斗、敢于拼搏、无私奉献也奠定了中国航天人的底色。中国航天人在一穷二白的情况下，真正地发展出来火箭、卫星的关键技术，让《东方红》的乐声响彻寰宇。

成功发射人造卫星让我们跻身世界的"航天俱乐部"，也打开了航天这个庞大领域的大门。如果说发射第一颗人造卫星是从0到1的突破，那么接下还有更复杂的载人航天、深空探索在等着我们去突破。2022年，我们中国自己的空间站基本建成，走到这一步，我们走了二三十年。载人航天工程比发射卫星要复杂得多，要把航天员安全地送入太空再安全地返回地面，这里容不得一丝失误。正是因为要讲科学，所以要将复杂的载人航天工程从火箭、飞船到空间站等分析得清清楚楚，不能存留丝毫隐患。为此，各个岗位上的航天人突破一个又一个技术难关，一次又一次地反复检查，确保了我们载人飞行任务中的航天员全部安全返回，造就了一个世界载人航天界的"神话"，培育铸就了"特别能吃苦、特别能战斗、特别能攻关、特别能奉献"的载人航天精神。

如今，我们的航天事业进入了加速发展期，我们建造出了自己的全球卫星导航定位系统"北斗"，我们的"嫦娥"成功地着陆月球并采回月壤，我们的"祝融"也成功地飞抵火星表面并开展探索。新一代的中国航天人不但继承了先辈们爱国、奉献、拼搏的传统，还注入了"自主创新、开放融合、万众一心、追求卓越"的新时代北斗精神和"追逐梦想、勇于探索、协同攻坚、合作共赢"的探月精神。他们展现出的格局与气魄，定将开拓出全新的道路。

赤心贯苍穹，继往开来，中国航天人在中国航天精神的引领下，一定会在全人类的航天事业中发挥关键作用，打开全新局面。人类的星辰大海之梦，我们中国航天人将贡献出非常重要的力量。

人类探索宇宙的意义

人类为什么要探索宇宙？

我们的日常生活和宇宙离得很远很远，而且太空探索又耗时耗力，我们介绍了那么多太空探索工程，无论是天文观测、载人航天还是深空探测器，无一不花费了巨大的财力。那么，我们为什么要探索宇宙呢？

我想，探索宇宙的热情和冲动是深植于我们人类的文明之中的。全世界演化出了许多种的文明，无论哪一种文明，无一不对天空、宇宙充满好奇和无限向往，希望去了解那遥远的星空在发生着什么。我们到底身处何方？我们从何而来？这些疑问一直困扰着我们。我们总觉得未来最美好的归宿就是升天，也许就来源于无数的祖先在夜里仰望天空，在那里寻找心灵的归宿。所以，探索宇宙实际上是全人类的初心。

回顾人类文明的发展过程，在探索宇宙的过程中，人类文明其实在不断地加速发展，很多源于宇宙探索的发明创造都在切实地改变着我们的生活。古代的天文星象可以指导人类科学安排农业生产活动，让我们有规律可循，比如中国的**二十四节气**等。从哲学层面来说，向外的探索，其实是向内去解释我们自身，以及宇宙和自然的关系，当一部分关系明晰之后，我们就能从中获益。

如果从更长远的角度来说，宇宙探索关乎我们人类的未来。如果人类不想和很多地球上的生物一样，在演化的过程中早晚会湮灭消失的话，我们就需要在地球环境难以维系人类生存之前，利用我们对于宇宙的认识和对探索宇宙技术的掌握，帮助我们在地球之外寻找新的栖居之地。

宇宙广阔无垠，随着我们探索宇宙的脚步不断向前，我们

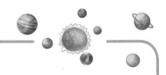

二十四节气（传统版本）

春雨惊春清谷天，夏满芒夏暑相连。秋处露秋寒霜降，冬雪雪冬小大寒。
每月两节不变更，最多相差一两天。上半年来六廿一，下半年是八廿三。

二十四节气分别为：立春、雨水、惊蛰、春分、清明、谷雨、立夏、小满、芒种、夏至、小暑、大暑、立秋、处暑、白露、秋分、寒露、霜降、立冬、小雪、大雪、冬至、小寒、大寒。二十四节气是我国劳动人民长期经验的积累成果和智慧的结晶，是具有丰富内涵的生活与民俗系统，在人们日常生活中发挥了重要作用。

的认识延伸得越来越远，不断取得前所未有的成绩。人类的脚步已经离开了生活了数百万年的地球，踏足到了距离地球数十万千米的月球。我们发射的航天器飞到了最远的地外行星，并且拍下清晰的图像；深空探测器已经飞行到了太阳系的边缘。我们建造的巨大望远镜已经帮助我们建立了对于遥远信息的准确认知。在这些基础上，我们构建了复杂而庞大的科学系统，试着提出对宇宙的认识，并不断地通过观测和实验再一一地验证这些假设和猜想。宇宙太广袤了，充满了无限可能，这也是我们需要不断探索宇宙的原因。

人类太渺小了，若要长久地存在于宇宙之中，并不断地发展，就需要更加准确地建立对宇宙的认识，理清人类与宇宙的关系，发明创造出让人类具有更强适应能力的技术，让人类在更广阔的宇宙空间中生活。

好奇心是我们最好的老师，也是我们人类发展的核心动力，让我们珍惜这一份对于宇宙的好奇，去尽情地探索宇宙吧！